LE DARWINISME

OU EXAMEN DE LA THÉORIE

RELATIVE A L'ORIGINE DES ESPÈCES

PAR

A. L. A. FÉE

Professeur d'histoire naturelle médicale à la Faculté de médecine de Strasbourg,
Membre titulaire de l'Académie impériale de médecine.

PARIS

VICTOR MASSON ET FILS

PLACE DE L'ÉCOLE-DE-MÉDECINE

1864

LE DARWINISME

OU EXAMEN DE LA THÉORIE

RELATIVE A L'ORIGINE DES ESPÈCES

PAR

A. L. A. FÉE

Professeur d'histoire naturelle médicale à la Faculté de médecine de Strasbourg,
Membre titulaire de l'Académie impériale de médecine.

PARIS

VICTOR MASSON ET FILS

PLACE DE L'ÉCOLE DE MÉDECINE

1864

Extrait de la Gazette hebdomadaire de médecine et de chirurgie.

Paris. — Imprimerie de E. Martinet, rue Mignon, 2.

LE DARWINISME

OU EXAMEN DE LA THÉORIE

RELATIVE A L'ORIGINE DES ESPÈCES

INTRODUCTION.

Ce système, savamment développé, mais trop absolu dans ses conclusions, cherche à établir qu'*il n'existe, pour le règne animal et pour le règne végétal, que trois ou quatre types, encore pourrait-il bien se faire qu'il n'y en eût qu'un seul.*

Plus les opinions sont radicales, plus elles ont de chances de réussir. Ce qui est contenu dans les limites restreintes du possible ne présente qu'un intérêt médiocre ; la curiosité n'est pas éveillée, il semble qu'on aurait pu en dire tout autant.

La publication du livre de M. Darwin est un événement scientifique qui n'a point trouvé d'indifférents. Le livre a plu aux personnes qui n'avaient point d'idées arrêtées sur le sujet qu'il traite, et il a vivement stimulé l'attention des naturalistes dont l'opinion était déjà fixée.

Ce n'est pas que le darwinisme soit chose absolument nouvelle, du moins quant aux bases sur lesquelles il est établi. Un écrivain, auquel il n'a manqué qu'un peu plus de raison pour être un homme de grande distinction, Restif de la Bretonne, dès 1781, avait développé la base d'un système philosophique tendant à démontrer qu'originairement il n'y eut, sur notre globe, qu'un seul animal et qu'un seul végétal, et que les différences de sol et de température ont amené la variété des êtres et produit des animaux mixtes (1). Tout s'y trouve ; mais Restif de la Bretonne n'était pas capable de développer ce système ; d'ailleurs, les temps n'étaient pas venus, et il fallait que la géologie, science nouvelle, qui alors n'était pas même entrevue, lui vînt en aide. Toutefois il est curieux de constater que l'idée première du darwinisme remonte à près d'un siècle et qu'elle a pu éclore dans une tête purement littéraire. Ce qui émeut tant aujourd'hui n'a pas même alors été compris. Tel est le sort des conceptions qui devancent leur temps ; elles avortent, semblables en cela aux arbres dont les fleurs sont trop précoces et qui ne portent aucun fruit.

Plus tard Lamarck, dans sa *Philosophie zoologique*, publiée en 1809, émit des opinions jugées, à leur apparition, bizarres et inadmissibles. Cependant ce grand problème de la variabilité des espèces s'y trouve posé, et l'auteur y soutient que la stabilité des formes organiques n'est qu'une stabilité relative, et que l'être vivant peut être modifié sous l'influence des agents physiques qui constituent les milieux qu'il habite. Le canard serait devenu nageur en nageant ; l'échassier, en marchant dans les marais, aurait vu s'allonger ses tarses ; la girafe, en s'efforçant d'atteindre les jeunes pousses des arbrisseaux, aurait vu peu à peu croître ses jambes et son cou. Les amphibies ne le seraient devenus que par le goût tout particulier qu'ils auraient eu pour l'eau, et c'eût été pour seconder cette tendance que leurs membres, transformés en nageoires, ne pourraient plus aujourd'hui servir utilement la locomotion terrestre ; et ainsi des autres animaux doués d'habitudes spéciales. Cette idée est juste dans de certaines limites. Il est bien vrai que la puissance fonctionnelle d'un organe s'accroît ou diminue par l'exercice ou le non-exercice qu'on en fait, mais cela n'implique en rien le changement de forme. La vue des oiseaux chasseurs a pu acquérir ainsi

(1) *La Découverte australe, ou le Dédale français*, 4 vol. in-12, avec figures. Paris, 1781. Voy. *Nouvelle Biographie générale*, t. XLII, p. 31.

plus de portée, et l'œil de la taupe et celui de l'aspalax s'atro-
phier ou même disparaître faute d'usage, parfaitement inu-
tiles dans le milieu où ils vivent. Non-seulement le système de
Lamarck, dans son ensemble, a été repoussé par tous les naturalistes du XIXe siècle, mais il était tellement en défaveur,
qu'on le regardait comme une tache qui obscurcissait la
gloire scientifique du célèbre naturaliste. Cependant Geoffroy
Saint-Hilaire avait dit, dès 1795, que les types pourraient
bien n'être que les diverses générations d'un même type, et
plus tard, à diverses reprises, notamment en 1831, il a posé
avec Lamarck cet axiome général, qu'il n'y a rien de fixe
dans la nature, surtout dans la nature vivante; mais il n'allait
pas jusqu'à croire à l'extension sans limites des variations, et
il refusait d'admettre celles que Lamarck prétendait résulter
des changements d'actions et d'habitudes. « L'espèce est
fixe, écrivait-il (1), sous la raison du maintien de l'état
conditionnel de son milieu ambiant; elle se modifie, elle
change, si le milieu ambiant varie et selon la portée de ses
variations. Les animaux vivant aujourd'hui proviennent, par
une suite de générations et sans interruption, des animaux
perdus du monde anté-diluvien : par exemple, les crocodiles
de l'époque actuelle, des espèces retrouvées à l'état fossile,
les différences qui les séparent les unes des autres fussent-
elles assez grandes pour pouvoir être rangées, selon nos
règles, dans la classe des distinctions génériques. » Il nous
semble que voilà bien le darwinisme tout entier, et si parfaitement, que nous n'hésitons pas à rattacher l'auteur de
l'origine des espèces à l'école de Lamarck et de Geoffroy
Saint-Hilaire, en faisant remarquer toutefois qu'il a creusé
plus profondément le sillon ouvert par les naturalistes français. Nous espérons que M. Darwin ne se plaindra pas de ce
rapprochement.

Mais l'immutabilité des espèces n'a pas cessé d'être admise
par les naturalistes modernes, plus disposés à suivre Buffon
que Lamarck et Geoffroy Saint-Hilaire. Cuvier, Flourens,
A. Richard, Duméril, Strauss, l'Anglais Morton, d'autres en-

---

(1) Isid. Geoffroy de Saint-Hilaire, *Histoire des règnes organiques*, t. II, p. 416.

core, croient que la vie de l'espèce est une vie sans déclin. Voici comment s'exprime Isidore Geoffroy Saint-Hilaire (1), de si regrettable mémoire : « La reproduction est une continuelle renaissance de l'espèce, les individus qui meurent y étant remplacés par d'autres ; ce qu'elle gagne compensant ce qu'elle perd, elle reste toujours composée de sujets jeunes, adultes, vieux, sans qu'elle-même soit jamais jeune ou vieille. Ni progrès, ni apogée, ni déclin, ni acheminement vers un terme déterminé. Les espèces restent donc indéfiniment ce qu'elles sont, « toujours neuves, comme le dit Buffon, et autant qu'elles l'étaient il y a trois mille ans » (2).

Link, esprit judicieux et sagace, a dit qu'espèce et forme primitive sont une seule et même chose. M. Godron, qui émet une opinion mixte, déclare que l'espèce ne change pas, mais qu'elle a pu changer. M. Darwin, comme nous le verrons, va bien plus loin. Son livre, très-capable par lui-même de réussir, a cependant eu la bonne fortune d'être soutenu par les écrits et l'opinion de M. Lyell, le premier géologue de l'Angleterre et peut-être même de l'Europe. Notons encore, comme un fait remarquable, que cet ouvrage a eu pour traducteur, et même pour interprète, mademoiselle Royer, femme de science profonde, qui vient de le faire connaître en France, où déjà le darwinisme compte de nombreux adhérents.

Et cependant nous ne craignons pas d'ouvrir une controverse, malgré tant de causes qui peuvent l'empêcher de réussir. Les convictions de M. Darwin sont sincères, les nôtres le sont aussi. Si nous nous trompons, la vérité, qui ne sera pas de notre côté, n'en deviendra que plus éclatante du côté où elle aura brillé.

Nous nous proposons de soutenir la permanence de l'espèce, attaquée par le darwinisme, essayant de démontrer qu'il existe chez chacune d'elles deux ordres de caractères : ceux qui donnent la taille, la force, la nature des téguments, la couleur, et ceux, bien plus importants, qui tiennent à la nutrition, à la reproduction, aux habitudes de la vie, en un mot à la manière d'être. Les premiers peuvent varier, les autres non.

(1) *Ibid.*, t. II, p. 93.
(2) Dernières lignes des *Généralités de l'histoire des animaux.*

C'est dans ces derniers que repose le type, et la nature le conserve, même quand elle varie quelques caractères extérieurs.

Cette conservation du type est dans les desseins de la nature, qui ne livre rien au hasard. Si elle se préoccupe peu de la conservation des individus, après leur avoir donné l'instinct de se conserver, elle se préoccupe au contraire grandement de sauvegarder l'espèce. Chaque type est comme un centre d'activité où la vie s'épanouit et rejette à la circonférence tout ce qui vient de s'y produire ; plus l'individu s'éloigne de ce centre, plus il est près de disparaître. Jetez une pierre dans une eau tranquille, et vous verrez, au point de la chute, des cercles concentriques se produire, s'étendre et s'effacer à la circonférence, tandis qu'il s'en formera encore de nouveaux au centre ; supposez que l'effet se continue indéfiniment, et vous aurez une image de la vie, telle qu'elle se manifeste dans la succession des individus qui possèdent le merveilleux privilége de vivre et de se perpétuer par la génération. C'est cette succession non interrompue de l'espèce avec les formes qui la caractérisent que nous allons essayer de rendre évidente.

Le plan que nous comptons suivre dans cette étude n'a rien de compliqué. Nous chercherons d'abord à exposer comment la terre a pu se constituer, et comment la vie s'y est graduellement développée ; nous dirons ce que c'est que l'espèce, et de quelle manière on peut comprendre qu'elle soit indépendante ; nous exposerons la diversité des habitudes des êtres organisés des deux règnes, et plus spécialement celles des animaux : vie diurne et nocturne, terrestre et aquatique, locomotion, sommeil, durée de la vie, milieux d'habitation, action des climats, etc. Entrant dans un autre ordre d'idées, nous parlerons des instincts et des agents qui en permettent l'évolution, de la chaîne des êtres, de la concurrence vitale, de l'unité de type, de l'axiome *Natura non facit saltus*. Ces diverses questions, élucidées, autant qu'il nous sera permis de le faire, nous conduiront au cœur de notre sujet, et nous aborderons les idées de M. Darwin relatives à l'origine des espèces, pour tracer les limites de l'action modificatrice de la sélection naturelle sur la nature vivante.

Nous entrons dans une carrière difficile à parcourir, mais quiconque cherche la vérité n'éprouve de fatigue véritable que si elle se dérobe à ses regards.

I. — Développement des êtres vivants a la surface de la terre.

Autant que nos connaissances en physique et en astronomie nous permettent d'en juger, il peut sembler logique de décider que les lois qui régissent l'univers sont les mêmes que celles auxquelles la terre est soumise, si bien que nous pourrions, sans trop nous hasarder, conclure de la partie au tout.

Les astres qui circulent dans l'espace, après avoir passé par divers états, se sont constitués en masses solides, formées, si nous en jugeons par les aérolithes qui visitent notre globe, des mêmes éléments minéralisateurs que la terre : fer, cuivre, étain, nickel, soufre, magnésie, silice, etc.; du moins jusqu'à présent, l'analyse de ces corps déviés de leur cours n'a-t-elle rien présenté qui ne nous soit connu, les proportions seules des composants paraissent différer.

Partout, de près ou à distance, s'exerce l'attraction, partout se manifeste le mouvement. La lumière, le calorique, l'électricité, le magnétisme, agissent sur les astres les plus éloignés de nous, comme ils agissent sur la terre.

Notre histoire est donc très-vraisemblablement celle du monde tout entier. Les phases par lesquelles nous avons passé, les révolutions que nous avons subies, sont les mêmes à travers lesquelles passent ou ont passé les astres les plus éloignés de nous. Ils ont une origine pareille, et, de même que la vapeur aqueuse devient de l'eau en se condensant, puis de la glace, si la température s'abaisse au-dessous de zéro, de même les astres, après avoir été vapeur, puis fluide, se solidifient en commençant par la surface, pour gagner le centre, et ne plus former, les siècles aidant, qu'un corps solide dans toute sa masse.

Ce qui nous frappe d'abord lorsque nous contemplons cet admirable spectacle de l'univers, c'est que tout y est mobile.

Non-seulement les astres se déplacent, mais il s'opère en eux des changements dont les éphémérides du monde ont gardé le souvenir : modifications dans la couleur et dans l'intensité de la lumière, disparition subite ou graduée d'étoiles : par exemple, l'une des Pléiades, de sept, aujourd'hui réduite à six, et elle n'est pas la seule qui ait cessé de briller. On a été jusqu'à acquérir la certitude que des astres se sont brisés, lançant dans l'espace des fragments que de savants calculs ont fait retrouver dans les profondeurs du ciel.

Placés à des distances plus ou moins considérables de notre système, les astres ne nous transmettent la lumière dont ils brillent qu'après un temps plus ou moins long, depuis celle du soleil qui nous arrive en huit minutes, jusqu'à celle de certaines étoiles qui ne nous parvient qu'en un grand nombre de siècles. Il suit de là que le soleil, lorsqu'il nous éclaire, n'est pas exactement à la place où il se montre à nous; plus les astres sont éloignés, plus ils se sont écartés du point où ils paraissent être. Certains d'entre eux pourraient avoir disparu depuis mille ans et plus, que nous les verrions encore. Peu de personnes ont songé que nos yeux voient le ciel autrement qu'il n'est en réalité.

Notre vue est limitée, et nous n'avons pas à nous en plaindre ; si nos yeux avaient la puissance télescopique, le ciel perdrait quelque chose de sa mystérieuse beauté. Les astres se présenteraient hérissés de montagnes, déchirés par des volcans, creusés d'abîmes ; nous verrions la terre entourée d'astéroïdes qui la suivent comme les pierrailles suivent l'avalanche, et nous nous plaindrions bientôt de trop voir.

Ce que nous découvrons, aidés de nos instruments amplifiants, suffit pour nous démontrer combien sont nombreuses les analogies qui unissent la terre aux autres planètes ses sœurs. On a constaté que plusieurs d'entre elles ont une atmosphère, des pôles chargés de neiges que fait fondre la chaleur des étés. On croit savoir que les bandes observées à la surface de Jupiter ne sont autre chose que des amas de nuages. Il n'est pas même jusqu'au soleil qui ne change d'aspect, et même dans un temps assez court.

Si nous connaissions aussi bien les planètes et les astres que nous connaissons la terre, il nous serait facile de reconnaître que la stabilité n'est nulle part. En ce qui nous concerne, combien nos annales, si longtemps incertaines, et qui datent d'un jour, n'ont-elles pas constaté de changements ! Que de montagnes écroulées, de continents modifiés, de rivages abandonnés par les mers ! que de volcans éteints et de volcans rallumés, de sources taries, de fleuves détournés de leurs cours ! Or, qui pourrait soutenir que ces changements sont propres à la terre et qu'ils ne s'étendent pas à l'univers to t entier.

Non-seulement le mouvement entraîne la masse, mais la masse elle-même est soumise, durant un temps variable en raison du volume et sans doute aussi d'après la nature des minéraux qui la composent, à un mouvement moléculaire considérable. Il agit sur la forme qu'il modifie, sur la température qu'il abaisse. C'est une sorte d'activité, une vie chimique et physique qui prélude par des actions et des réactions sans nombre à un repos dont le terme est inconnu.

Tant que cette activité dure, on pourrait dire que les astres vivent. C'est pour eux comme une manière d'être. Si elle s'arrête, ils perdent leur dignité et deviennent impropres au développement de la nature organique. Comme la lune, ils ne roulent plus alors dans l'espace qu'un corps éclairé d'une lumière d'emprunt ; emportés par le mouvement général, le mouvement n'est plus en eux : ils ressemblent à ces rochers nus que la terre entraîne avec elle et qui la chargent d'un poids inutile.

Quoique les astres ne vivent pas, — dans le sens ordinaire que nous attachons à ce mot, — ils ont cela de commun avec les êtres organisés, de passer comme eux par des phases pendant lesquelles ils se constituent et prennent une forme.

Les éléments dont ils tirent leur origine sont dus à la matière cosmique, qui elle-même a peut-être sa source dans la matière éthérée qui remplit l'espace.

Ces vapeurs organisatrices ont une composition très-compliquée. L'œuf des animaux renferme tous les éléments de l'organisation des êtres qu'il doit produire. La matière cosmique contient aussi à l'état de vapeurs, — tant l'élévation de la chaleur est considérable, — tous les minéraux destinés, en

se condensant, à constituer la masse de l'astre en voie de formation.

On peut donc dire, sortant du domaine de l'hypothèse pour
entrer dans la réalité, qu'il est dans le ciel des astres qui
éclosent. Ces soleils naissants se présentent sous l'aspect de
nébuleuses, les unes avec un seul noyau, les autres avec deux
et même avec trois, jumeaux ou trijumeaux. Longtemps unis,
ils se séparent pour avoir une individualité.

Lorsque la matière cosmique s'est condensée, l'astre est à
l'état de fusion et rayonne des flots de lumière et de calorique.
Peu à peu il se refroidit à la surface ; la solidification gagne
le centre, et l'œuvre, autant qu'il nous est permis d'en juger,
semble terminée.

Par cela même que les soleils brillent, ils doivent s'éteindre,
puisqu'ils tirent d'eux-mêmes la lumière qui s'en dégage.
C'est une simple question de temps; et qu'est-ce que le temps,
lorsque sa durée est sans bornes? une minute, un siècle,
mille siècles, se présentent avec la même valeur. Comment
trouver la fraction, lorsque n'existe pas le dénominateur ?

La création n'est pas une œuvre terminée, elle se continue
et se continuera sans doute indéfiniment. Le monde est toujours à l'état d'enfantement. Rien ne semble terminé, rien ne
semble devoir se terminer. Si la vie sidérale cesse en un
point, elle se développe sur un autre. C'est comme un but
vers lequel on tendrait toujours, quoique perpétuellement
atteint.

Ainsi, de même que sur la terre les êtres vivants naissent,
meurent et se succèdent, de même verrait-on dans le ciel les
astres se succéder pour ne plus rouler après leur constitution
définitive que des masses inertes, impropres à permettre à leur
surface le développement de la vie.

Sans doute l'histoire du ciel offre et offrira toujours à notre
esprit des énigmes indéchiffrables ; mais ce que nous en savons, sans nous empêcher de chercher à en savoir davantage,
peut satisfaire notre orgueil. Nous avons pu comprendre comment se formaient les astres et quelle route ils parcourent dans
le ciel, mais qui nous dira jamais en vertu de quelles lois se
constitue la matière cosmique ; quelle main allume les soleils

et quel souffle les éteint? Comment le temps n'a pas commencé, et comment il ne doit pas finir? Comment, dans un espace sans bornes, circulent des astres sans nombre? En présence de ces infinis, l'intelligence humaine s'humilie et la grandeur de Dieu se révèle.

La *fleuraison* d'un astre, qu'on nous passe ce mot, est marquée par l'apparition à sa surface des êtres vivants, quelle que soit la forme qu'ils revêtent. Si la vie n'a pu s'y développer ou si elle s'y est éteinte, l'astre n'a pas *vécu* ou a cessé de *vivre*.

Quoi qu'on puisse dire de l'homme, de son imperfection, de la courte durée de sa vie, etc., c'est pourtant en lui que réside la dignité de la terre. L'intelligence est supérieure aux lois qui régissent la matière, car l'une est libre et l'autre obéissante.

Pour que les astres aient une raison d'être, il faut que la vie s'y développe. Il faut des créatures intelligentes qui élèvent leur pensée vers Dieu et qui admirent ses œuvres. N'y eût-il dans l'univers qu'un seul homme, il vaudrait à lui seul plus que tous les mondes.

Que sont les astres, dont le cours est réglé, à côté de l'homme qui agit librement? Qu'est-ce que la matière à côté de l'intelligence; ce qui pense et ce qui ne pense pas, la masse qui ne voit rien et l'œil qui voit la masse?

L'intelligence qui connaît le volume et le poids des astres, qui calcule à quelle distance ils sont de nous, qui détermine l'étendue de l'orbite qu'ils parcourent, m'étonne bien plus que les soleils sans nombre que nous découvrons dans les cieux. Je suis à peine un atome, mais cet atome a la pensée et la volonté (1).

Dépeuplez les mondes, et dites-moi ce que vaudra l'univers. Dieu remplira l'espace de sa majesté; l'esprit régnera partout, mais les astres pourront disparaître sans qu'il en coûte rien à la grandeur divine.

S'il ne peut y avoir qu'un seul Dieu pour régir le monde, il

(1) « L'homme n'est qu'un roseau, le plus faible de tous, mais il est un roseau pensant. » (PASCAL.)

ne peut y avoir qu'une seule destinée pour tout ce qu'il crée : passer de l'état actif, qui est la vie, à l'état passif, qui est la mort.

La puissance des agents auxquels la terre doit ce qu'on pourrait nommer sa vitalité ne saurait être limitée. La lumière peut avoir plus ou moins d'éclat, le calorique une élévation plus ou moins considérable, l'électricité et le magnétisme une intensité plus ou moins grande, sans pour cela cesser d'être le calorique, l'électricité ou le magnétisme, avec des propriétés semblables et une seule manière d'agir.

Les résultats que les études scientifiques nous ont fait obtenir sont immenses, et l'un des plus récents et des plus considérables est la découverte de moyens physiques à l'aide desquels on a pu déterminer la nature chimique du soleil et celle de plusieurs de ses satellites. C'est avoir beaucoup obtenu, et ce n'est pas là le dernier mot de la science. Cependant l'intelligence a ses bornes, et plus il semble qu'on soit près de les atteindre, plus elles semblent s'éloigner. Comment comprendre que la matière éthérée, si prodigieusement diffuse, puisse contenir à l'état gazeux les minéraux les plus réfractaires à l'action du feu de nos laboratoires? Et cette matière destinée à constituer la masse solide des astres, d'où provient-elle? en vertu de quelles lois se fractionne-t-elle pour émailler le ciel de ces millions de corps à peine accessibles à la vue aidée de télescopes? Ces impossibilités d'explication pour des phénomènes dont les effets sont évidents conduit nécessairement à admettre l'action toute-puissante d'un Dieu créateur.

Mais cet être suprême, quel est-il? Il faudrait, pour répondre à cette question, comprendre l'espace sans limites et le temps sans terme, ce qui n'a pas commencé, ce qui ne devra jamais finir.

Ne nous étonnons pas de voir les anciens confondre les œuvres de la création avec Dieu lui-même. Essayer de définir ce qui est indéfinissable conduit nécessairement à l'erreur. Quelle idée juste pourrions-nous avoir d'un être éternel dans le temps et dans l'espace, nous à qui l'espace et le temps ont été si étroitement mesurés? N'ayant aucun de ses attributs, comment espérer d'en deviner l'essence, lui prêter une forme et le personnifier?

Le nom de Créateur lui convient sans doute ; cependant, s'il opère pour la vie, il opère aussi pour la mort. Tout ce qu'il produit est destiné à n'avoir qu'une durée éphémère, et les parts faites à la vie et à la mort sont absolument égales. Pourquoi produire sans cesse pour détruire? Dans quel but? Pourquoi cette révolution perpétuelle de plantes dévorées par les animaux et d'animaux qui s'entre-dévorent? Pourquoi, en les créant, avoir mis la mort à côté de la vie, la douleur à côté de la jouissance? Pourquoi les éléments font-ils une guerre incessante à la nature vivante, et pourquoi faire acheter si cher le droit de vivre? L'homme est entouré de mystères, et ce qu'il ne comprend pas, il le blâme.

La vie telle qu'elle se manifeste sur la terre ne pouvait avoir qu'une durée temporaire. Ce qui fait vivre doit nécessairement faire mourir. Les organes, pour donner l'accroissement et la sensibilité, devaient avoir et ils ont en effet une délicatesse extrême. Chez les animaux, ce que perd le système nerveux pendant la veille, le sommeil le leur rend, jusqu'à ce que l'époque de la déchéance arrive. Alors la perte l'emporte sur le gain, le corps dépérit, et la mort arrive. Mais si l'individu meurt, la vie est transmise à la race, et elle se perpétue d'une manière qui, pour nous, peut paraître indéfinie. Il semble que la vie qui donne le mouvement ne peut pas plus s'arrêter que le mouvement des astres à travers les cieux.

Il n'était pas possible que les êtres organiques pussent vivre toujours. S'il en eût été ainsi, on ne saurait comprendre ce qui serait advenu. Pour éviter l'encombrement, il fallait que la mort intervînt, ou que la création s'arrêtât après avoir enlevé aux plantes et aux animaux la faculté de se reproduire. Toutes les lois auxquelles la nature vivante est soumise auraient été changées, et la terre serait autre chose que la terre d'à présent. Les corps planétaires se trouvent dans des conditions différentes; l'espace, étant infini, peut recevoir indéfiniment de nouveaux hôtes. S'ils changent d'état, ils n'en conservent pas moins leur place. Pourtant, comme aux êtres organisés, la vie leur échappe. Devenus obscurs et glacés, ils ont le sort de ces ossements fossilifiés, qui témoignent de la vie, mais qui sont à tout jamais condamnés à l'inertie.

Si nous songeons qu'une intelligence suprême a présidé sur la terre à l'évolution des êtres, pourquoi ne pas reconnaître que cette intelligence a dû se réfléchir sur une créature douée de qualités refusées à toutes les autres; or, cette créature privilégiée, quelle sera-t-elle, sinon l'homme? Les animaux n'ont d'intelligence que celle qui les aide à remplir leurs destinées et surtout à se conserver; l'espèce humaine, au contraire, étend la sienne par delà ses besoins matériels. On peut dire avec une apparence de vérité, que la formation de la terre n'est qu'un moyen, la création des animaux qu'une ébauche, et que l'apparition de l'homme pouvait seule compléter l'œuvre. Seul, en effet, il se met en communication avec la nature; il l'étudie, il la comprend; sans lui la terre n'aurait pas même un nom, et Dieu serait pour elle comme s'il n'existait pas. Pour qui alors eussent été créées tant de merveilles? qui les eût admirées? Les animaux jouissent de tout sans rien voir et sans rien comprendre; à l'homme le privilége exclusif de tout voir, sinon de tout comprendre. Ce n'est pas pour nous uniquement que le soleil éclaire la nature, que les étoiles brillent d'un si vif éclat dans les cieux, que les plantes revêtent mille formes, que les oiseaux et les insectes sont si richement habillés; mais, parmi les êtres sans nombre qui couvrent la terre, nous sommes du moins les seuls qui jouissions des harmonies de la nature, tandis que, pour tout le reste des animaux, la création est une œuvre morte.

II.

La présence des êtres vivants à la surface de la terre ne pouvant trouver d'explication dans les lois qui régissent la physique du globe, telles du moins qu'elles nous sont aujourd'hui connues, doit être regardée comme un fait en dehors de toute explication. Pourtant, quoique le résultat seul soit évident, il est possible de l'apprécier dans la succession des phases qui l'ont produit et préparé.

Nous voyons durer indéfiniment les espèces; nées d'un germe, elles portent en elles des germes pareils à celui dont elles tirent leur origine; c'est une évolution sans terme, destinée à continuer la création. Les organes qui la perpétuent sont connus; on sait comment ils agissent et dans quel but ils fonctionnent. Or, ce qui se passe incessamment sous nos yeux s'est passé sous les yeux de nos pères et se passera sous les yeux de nos fils; cependant, comme il est surabondamment prouvé que les êtres actuellement vivants n'ont pas toujours vécu, on se demande, en remontant le cours des ans par la pensée, comment aurait pu se former le premier moule de chaque créature vivante?

A quiconque se pose une pareille question, il est bientôt prouvé qu'elle est insoluble par les seules lumières de la raison; en effet, que l'on fasse intervenir le sec et l'humide, le froid et le chaud; que l'on augmente ou que l'on diminue l'intensité des agents impondérables, que l'on invoque tour à tour la puissance de l'électricité ou celle du galvanisme, il sera toujours également impossible d'élever aucune hypothèse raisonnable pour expliquer la création et dévoiler ses mystères.

Ce que l'on sait de plus positif, c'est que les premiers êtres créés se sont trouvés en rapport avec un air atmosphérique (1) analogue à l'air que nous respirons et que les milieux étaient sensiblement les mêmes.

Quoique la vie s'appuie sur la matière, et que, jusqu'à certain point, elle en dépende, d'autres lois la régissent, et ces lois nous les ignorons. Nous savons pourquoi l'on meurt, et nous ne saurions dire comment l'on vit. Rien n'est plus manifeste dans ses effets que la vie, et rien n'est moins connu dans son essence; elle est immatérielle de sa nature; on peut l'éteindre et non la saisir. C'est une force qui maintient unies les molécules inorganiques aussi longtemps qu'elle peut les dominer; différente de l'attraction, elle agit cependant comme elle, mais d'une manière toujours temporaire.

Entourés d'êtres vivants, vivants nous-mêmes, nous ne savons donc rien de la vie; seulement, nous pouvons décider

(1) On a émis l'hypothèse qu'il y avait seulement dans l'air une proportion plus grande de gaz carbonique et d'azote, laquelle, si elle existait encore, n'aurait aucune influence sur la vie organique actuelle.

qu'elle ne s'est manifestée sur la terre que quand celle-ci eut
été préparée pour en permettre l'évolution, et que la création
dut commencer d'abord par les organismes simples, ainsi
qu'en témoignent les couches du globe.

Combien de temps dura cette faculté? Se continue-t-elle
encore? Comment a-t-elle opéré? Existe-t-il un prototype dont
seraient dérivés tous les êtres vivants, ou bien ont-ils été créés
de toutes pièces? Sujets inépuisables de graves méditations qui
laissent peu de place à des études sérieuses.

Apprécier le nombre d'années qui nous séparent de la
création est impossible; cette grande épopée embrasse dans sa
durée une longue série de siècles. Les naturalistes hétérogénistes croient que l'évolution des êtres a été ascensionnelle,
puis décroissante; de sorte qu'elle aurait commencé par créer
des êtres de simple structure pour s'élever jusqu'aux organismes les plus complexes, puis, après avoir atteint ce maxi-
mum de puissance, elle se serait ralentie dans son action, de
manière à pouvoir encore aujourd'hui donner naissance à des
êtres d'une très-grande simplicité de structure.

La création, en opérant par des actes progressifs, disent-ils,
est dans son évolution comparable aux êtres mêmes qu'elle a
produits et qu'elle produit encore; n'ont-ils pas tous une période de jeunesse, une autre de maturité et de décroissance?
Rien dans l'univers ne se termine brusquement, tout est gra-
dué; si le temps agit, c'est avec lenteur et mesure; il soumet
tout à ses lois; mais lui-même opère dans des voies qui lui
sont tracées et dont il ne saurait s'écarter. — Quoi qu'il en
soit de cette opinion, si ardemment controversée et qui se lie
d'une manière si directe avec le darwinisme, on peut comprendre que, d'abord faiblement active, la création ait jeté
avec profusion dans les eaux les infusoires et les agames, commençant les uns la vie animale, les autres la vie végétale; que
peu à peu, moins limitée dans son action, elle ait formé des
êtres plus compliqués et de plus grande dimension dans la
série animale : les polypes charnus, les actinozoaires, les
mollusques-à-branchies, les poissons aux formes bizarres, les
amphibies, les cétacés à respiration pulmonaire, quoique vivant
au sein de la mer; enfin les vertébrés terrestres de tous les

2

ordres; dans la série végétale, les équisétacées, les lycopodes, les fougères, les palmiers, puis les plantes ligneuses et herbacées du grand embranchement des dicotylés. Pour couronner ce grand ouvrage, il fallait un être qui pût l'admirer et s'en servir : l'homme fut créé, et le Très-Haut, suivant la belle expression du poëte, « rentra dans son repos. »

C'est sans nul doute dans les eaux que dut commencer la vie. Douces ou salées, elles renferment les mêmes principes fondamentaux. Tous les éléments, bases des organes, s'y trouvent mélangés ou dissous : l'air et conséquemment l'oxygène, l'azote et l'acide carbonique, la chaux, la soude, la magnésie, combinés à divers acides, circonstances favorables aux plantes et aux animaux, qui s'alimentent en même temps qu'ils respirent ou qu'ils absorbent.

Les organismes aquatiques sont en général remarquables par leur grande simplicité; on les croirait contemporains. Les nombreux rapports qui les unissent permettent de constater facilement qu'ils ont marché dans leur développement d'une manière parallèle. L'eau, indépendamment de l'unité de composition, présente cet avantage de pouvoir se laisser facilement pénétrer; elle donne de la souplesse aux tissus, cause puissante de vie; enfin, outre ses principes constituants, elle tient en dissolution ou en suspension des molécules très-propres à la nutrition.

Les animaux terrestres sont évidemment placés dans des conditions moins favorables que les animaux aquatiques. La faculté locomotrice, pour être exercée sur le sol, veut des agents plus compliqués dans leurs mouvements et capables de résister davantage. Si le système osseux des poissons, par exemple, pouvait être souple et tenir du cartilage, celui des vertébrés terrestres devait, au contraire, être solide, afin d'offrir aux muscles un appui sans lequel le mouvement eût été impossible. Il faut que les animaux qui vivent dans l'air libre se déplacent pour remplir les actes fonctionnels de la vie. Ils marchent, ils grimpent, ils rampent, et ces divers modes de locomotion s'exercent sur des terrains plus ou moins difficiles à parcourir. Quoique le vol soit facile, la natation l'est encore plus. La nature ayant mesuré l'intelligence au nombre des fonctions

assignées à chaque être, place les animaux terrestres bien au-
dessus des animaux aquatiques, et, comme elle a procédé
graduellement, ces derniers ont dû précéder les autres.

Il est une station intermédiaire ou mixte entre la station
terrestre et la station aquatique : j'entends parler de la station
paludéenne, constituée par les terrains fangeux ou marécageux. La vie ne dut s'y montrer que quand les eaux, en dé-
layant les terrains, y eurent déposé les débris organiques des
êtres inférieurs des deux règnes ayant vécu dans son sein.
Cette boue, échauffée par un soleil énergique, favorisa singulièrement l'évolution des êtres vivants, et ils y prirent des
dimensions colossales. Les grands sauriens surtout y pullu-
lèrent, créations ambiguës, intermédiaires entre les animaux
terrestres et les animaux aquatiques ; écailleux comme les
poissons, pourvus de pattes comme les mammifères, cylin-
driques comme d'immenses ophidiens, portant souvent des
têtes énormes sur de petits corps. Organisés pour digérer toujours sans pouvoir jamais assouvir leur voracité, ils ne transmettent dans leurs organes qu'un sang épais, incomplétement
vivifié par la respiration. On devinerait, rien qu'à voir ces
animaux développés dans des milieux mal définis, qui ne sont
ni la terre ferme ni l'eau pure, qu'ils participent à cette ambi-
guïté par une organisation en quelque sorte ébauchée et des
formes bizarres. C'est là que, dans tous les temps, les poëtes
ont fait naître les monstres, effroi des populations, et, si leurs
fables ont voilé la vérité, on peut du moins reconnaître qu'elles
consacrent le souvenir de faits réels et incontestables, transmis
aux générations effrayées par la tradition, à défaut de l'histoire.

La nature végétale aquatique participe à la simplicité de la
nature animale aquatique. La mer ne nourrit que des plantes
cellulaires, sauf les *ruppia* et les *zostera* des rivages, monoco-
tylédones très-simples de structure ; les eaux douces, où abon-
dent les conferves et les *lemna*, sont riches en plantes amphibies, immergées et aquatiques quant au système souterrain,
mais aériennes par leurs fleurs, qui veulent l'air et la lumière. Les plantes paludéennes sont presque exclusivement
herbacées.

Les animaux à respiration cutanée ont vraisemblablement été constitués les premiers ; puis seront venus les animaux à branchies auxquels durent succéder les animaux à trachées, et peut-être simultanément ceux qui, ayant des poumons, absorbent et expirent en outre par la peau. Les animaux à respiration simplement cutanée sont cellulaires ou bien n'ont de vaisseaux, à très-peu d'exceptions près, qu'à l'état rudimentaire. Ils ouvrent la série animale, de même que les plantes uniquement formées de cellules et privées d'organes sexuels commencent la série végétale.

Les plantes ont dû nécessairement précéder sur la terre la presque totalité des animaux. Les mammifères herbivores, les oiseaux qui vivent aux dépens du règne végétal, certains poissons, les mollusques terrestres, les insectes et leurs larves, devaient être formés les premiers, tandis que les animaux dont la nourriture est purement animale n'ont dû naître que les derniers. Ainsi se seront échelonnés sur la terre les êtres organisés : la plante pour la gazelle, la gazelle pour le lion, l'insecte pour l'hirondelle, la mouche pour l'araignée, l'homme pour la nature tout entière. Roi ou tyran, que ce soit par droit de naissance ou par droit de conquête, l'homme occupe le premier rang, et cette prérogative il la doit à son intelligence, n'étant pas, à beaucoup près physiquement, le mieux doté de tous les animaux, quoiqu'il soit celui de tous chez lequel les sens sont le mieux équilibrés. Sa main est un admirable instrument sans lequel chez lui l'intelligence serait extrêmement limitée dans ses actes ; toutes les deux sont dépendantes, et s'il a l'une, c'est pour servir l'autre. La terre ne devait appartenir qu'à celui qui pouvait tirer parti de l'universalité de ses produits. Les dents de l'homme, dont aucune ne l'emporte en puissance sur l'autre, prouvent qu'il peut être tout à la fois, s'il le veut, carnivore, frugivore et granivore. Il coupe, il broie, il déchire avec une égale facilité ; à lui les fruits charnus, les graines émulsives, les racines succulentes, à lui le lait et la chair. Les qualités réparties entre tous, il les possède, et il a de plus une intelligence progressive qu'ils n'ont pas.

La subordination des créations est impérieuse dans ses exigences; ainsi :

Les herbes dûrent être créées avant les herbivores :

Les herbivores avant les carnassiers ;

Les singes après les arbres ;

Les fourmis avant le fourmilier ;

Les poissons avant le phoque et la baleine ;

Les insectes avant les insectivores, avant le caméléon, avant l'araignée ;

Les vers avant la taupe ;

Les insectes mycétobiens après les champignons ;

L'hippobosque après le cheval ;

Les entozoaires d'entozoaires après les entozoaires ;

Les entozoaires après les animaux dans lesquels ils vivent ;

Les entophytes après les plantes qu'ils envahissent ;

Les fleurs avant les abeilles ;

Les insectes suceurs après les animaux aux dépens desquels ils vivent ;

Le gui après le chêne.

Voilà ce que nous pouvons conjecturer; mais ce sont là des résultats. Comment ont-ils été obtenus? comment a débuté ce principe de vie commun à tous les êtres? comment la nature morte a-t-elle pu engendrer la nature vivante? Une force nouvelle s'est manifestée; elle a réuni des molécules inorganiques et les a douées de propriétés étrangères à leur nature, et il en est résulté des organes chargés d'accroître l'individu et de reproduire l'espèce; elle a donné l'instinct, le mouvement, la volonté, et permis le libre exercice de l'intelligence. Cette force, d'où émane-t-elle? Deux opinions, — deux hypothèses, devrions-nous dire, — sont en présence pour expliquer le merveilleux phénomène de la création : l'une est d'accord avec la Genèse, l'autre s'en éloigne; la première admet la formation des êtres, tout d'une pièce, suivant leur espèce; la deuxième la suppose progressive et confiée à l'action des siècles.

Faisons d'abord remarquer que ces deux systèmes ne sont en rien contradictoires, puisqu'ils aboutissent tous deux au surnaturel. Toutefois, il peut sembler que la création, qui fait autant de types que d'espèces, demande un plus grand effort d'action que celle qui confie au temps l'évolution lente et successive d'un petit nombre de types qui s'élèvent peu à peu en dignité, autant sous le rapport de la complication des organes que sous celui des fonctions qui leur sont dévolues. Mais que la nature ait opéré avec lenteur ou avec rapidité, la difficulté d'explication est toujours la même, car, dans les deux cas, nous sommes en présence de la matière inerte et inféconde ayant produit le mouvement et la fécondité.

D'un côté, quoi de plus difficile que de supposer le chêne, le palmier, la baleine, le cachalot, l'éléphant, l'homme enfin sortis de la terre comme d'une matrice; et, d'un autre côté, comment accepter pour point de départ de la création un prototype unique d'où seraient dérivés tous les êtres à la suite de modifications sans nombre? Ne sera-t-on pas en droit de se demander d'où il provient et comment il a pu être doué de la faculté de remplir ce rôle créateur? Les germes qui continuent l'espèce ne renferment qu'un seul embryon, et ce germe universel les aurait contenus tous, puisque les êtres, malgré la différence de formes et d'aptitudes, en seraient dérivés. Enfin, ceci admis, par combien de métamorphoses ces productions organiques des deux règnes pour parvenir jusqu'à nous, n'auraient-elles pas dû passer, et cependant comment en expliquer une seule? De quelle manière la respiration cutanée, qui sans doute a précédé les autres, est-elle devenue branchiale, puis pulmonaire, puis trachéenne, chez des êtres qui n'étaient point faits, comme les batraciens par exemple, pour passer de l'une à l'autre, et, dans ce grand travail dont on laisse au temps toute la responsabilité, comment les organismes primitivement hermaphrodites ont-ils pu devenir unisexuels, se scindant, en quelque sorte, en deux parts. Ce dualisme, que Kant regardait comme un abîme pour la raison humaine, n'a-t-il pas nécessité, sinon une double création, du moins un double effort modificateur dont les résultats ont été de séparer l'espèce en deux moitiés semblables l'une à l'autre par les divers appareils qui soutiennent la vie individuelle et différente, quant aux organes de reproduction, qui ne peuvent rien s'ils n'agissent simultanément?

D'où il suivrait que les animaux et les végétaux unisexuels seraient tous incomplets, chaque sexe ayant des parties qui manquent à l'autre. Que de faits inexpliqués! que d'obscurités! que de chemins sans issue!

III.

Parmi les difficultés sans nombre que soulève la grande question de l'apparition de la vie à la surface du globe, l'une des plus embarrassantes concerne le nombre des centres d'évolution qu'il convient d'admettre. N'en existe-t-il qu'un seul, en existe-t-il plusieurs, et, dans cette dernière hypothèse, ont-ils été contemporains?

Étant donné un même âge de la terre, les probabilités sont certainement en faveur de la pluralité des centres. Quant à savoir si même alors ils datent de la même époque, rien n'est plus incertain, la science ne nous fournissant pas assez de documents positifs pour en décider; mais on peut dire, relativement au nombre des centres de création, dans le sens du darwinisme, que, quand la terre fut devenue propre à permettre l'évolution de la vie, toute la surface dut jouir de cette merveilleuse prérogative. Tous les changements qu'elle a subis se sont toujours généralisés. La croûte terrestre s'est solidifiée partout en même temps; les eaux douces ou salées, ainsi que l'air atmosphérique, avaient de l'un à l'autre pôle une composition et des qualités pareilles. Sans doute, certaines espèces devaient être, comme aujourd'hui, condamnées à la stérilité; cependant il ne pouvait y avoir aucun point qui fût privilégié. L'opinion génésiaque peut admettre un centre unique, mais non le système darwinien, qui fait intervenir uniquement l'action des forces naturelles. Or, voici où ce système nous conduit et quelles sont les conséquences qui découlent de la pluralité des centres, à laquelle il faut bien s'arrêter.

Plusieurs centres supposent plusieurs germes dans un même centre. Si la création d'un seul type est un fait inexplicable et en dehors des lois qui régissent la physique du globe, que dirons-nous de cette immensité de types qui tous auront donné lieu par leur naissance à autant de faits miraculeux? Croire que ces types, nés dans des milieux différents, auront été semblables, n'est pas possible. La terre entière aura donc été le théâtre de cette création à long terme qui n'aura formé les êtres que pour les transformer? Ainsi, tandis qu'autour de nous tout paraît stable, tout au contraire serait mobile et incertain; le hasard régirait la nature vivante; il n'y aurait d'autre loi que la métamorphose, et elle ne serait soumise à aucune règle. Dans le système de M. Darwin, il faut conclure de ce qu'on ne voit pas à ce qu'on voit, tandis qu'il semble seulement logique de conclure de ce qu'on voit à ce qu'on ne saurait voir. Voilà pourquoi je ne puis accepter le darwinisme, tout en admirant les idées neuves et hardies sur lesquelles s'appuie le savant fondateur de ce système.

Cette multitude de métamorphoses, regardées comme évidentes, sont autant de petits miracles tout aussi difficiles à croire au point de vue scientifique que le grand œuvre de la création biblique. S'il m'est impossible de comprendre comment les grands animaux et les grandes plantes ont pu arriver jusqu'à nous avec les formes qui les différencient, il ne me l'est pas moins de chercher l'origine du baobab, du cèdre, du palmier, de la baleine, du phoque, du singe ou même de l'homme, à travers les changements successifs d'un type primordial ayant pu passer avec le temps de la simplicité la plus grande à la structure la plus compliquée. Disons-le, la matière n'a pas agi par elle seule, elle a obéi. Expliquez l'immensité des plantes et des animaux par dix, cent, mille, dix mille types; faites intervenir, pour les modifier, autant de siècles que vous admettrez de types, et vous ne m'aurez rendu compte ni de la forme, ni de la vie, ni de l'instinct, ni de l'intelligence.

M. Darwin ne se prononce pas sur la question relative au nombre des centres de création; mais il pense que chaque espèce en a un qui lui est propre. Si les individus qui composent cette espèce occupent aujourd'hui de grands territoires, c'est qu'ils ont émigré. Comment, en irradiant, ont-ils pu vivre dans des milieux différents de ceux pour lesquels ils étaient faits? C'est là ce qui peut sembler extraordinaire et ce qu'il

aurait fallu prouver. Avant de se transformer, n'auraient-ils pas
dû mourir?

Si M. Darwin reconnait un centre spécial pour l'espèce, à
plus forte raison doit-il en admettre un pour le prototype; cela
accepté, le voilà en dehors du vraisemblable, s'il est bien vrai,
comme tout semble le prouver, que les qualités prolifiques de
la terre n'ont point été localisées, mais universalisées.

En acceptant l'hypothèse d'un type unique, comment comprendre qu'il ait pu se développer? Pour se rendre compte de
cette évolution, il faudra attribuer à ce type, père de toute la
nature vivante, des propriétés plus ou moins comparables à
celles dont jouissent les animaux et les plantes gemmipares. Il
se sera successivement séparé de lui des types modifiables de
second, de troisième, de quatrième ordre, lesquels à leur tour
auront produit d'autres organismes, les uns et les autres toujours plus compliqués, méconnaissables à la suite d'une sorte
de gestation multiséculaire. Ainsi variés à l'infini, quoique
sortant de la même souche, ces types, toujours provisoires,
auront peuplé la terre; mais la physionomie que les plantes
lui avaient primitivement imposée n'est plus celle d'aujour-
d'hui, comme celle d'aujourd'hui ne sera plus celle qu'elle
revêtira dans les siècles futurs; les animaux eux-mêmes, chacun selon leur espèce, ne doivent garder leurs formes que
pour un temps : tout a changé, tout change, tout ou presque
tout changera.

Pour mieux confirmer la variabilité des formes, on indique
un certain nombre d'animaux arrêtés dans leur développement ou en voie de transformation, et l'on fait voir qu'il existe
des mammifères, des oiseaux, des reptiles, des insectes qui
n'ont pas d'une manière complète les caractères de l'ordre
auquel on les rattache. On les regarde comme des ébauches,
et l'on va jusqu'à dire qu'ils sont embryonnaires : les grands
pachydermes, les amphibies et les cétacés, l'autruche, le casoar, l'aptéryx, l'orvet, etc., seraient dans ce cas. Sans aller
aussi loin, il est permis de décider que si, d'une part, tout ce
qui vit aujourd'hui est dans des conditions qui suffisent à l'espèce, elles ne sont pas aussi favorables les unes que les autres,

et l'on décide que le temps devra leur donner ce qui leur manque.

Ces sortes de lacunes ne sont pas rares. Certains animaux privés d'armes et de moyens de fuir sont entourés d'ennemis redoutables. Parmi les mammifères, l'unau, le paresseux, le guanuco et même l'hippopotame, seulement défendu par sa masse, sont dans ce cas; parmi les oiseaux, le manchot, le pingouin et d'autres espèces stupides, sachant à peine voler, et, parmi les sauriens et les batraciens, le caméléon et la salamandre. La torpeur dans laquelle tombent les grands serpents, quand ils digèrent, les livre sans défense aux insultes des animaux les moins redoutables. La caille, poussée par un invincible besoin de traverser les mers, tombe et meurt dans les flots, au-dessus desquels son aile, qui n'est pas faite pour un vol prolongé, ne peut la soutenir. Les lemmings, s'ils émigrent, sont dévorés par les oiseaux de proie, et cependant ils ne font aucun effort pour fuir. Ne semble-t-il pas que, s'ils étaient plus agiles, ils se trouveraient, relativement à eux, dans de meilleures conditions? Certaines plantes ont des sexes séparés; ne vaudrait-il pas mieux qu'elles eussent des fleurs hermaphrodites? Il serait facile de multiplier ces exemples; aussi ne doutons-nous pas que certains animaux, ceux mêmes qui appartenaient à notre cataclysme, n'aient disparu par insuffisance de moyens de résistance aux causes de destruction qui les entouraient. On peut citer entre autres le dronte, oiseau lourd, aux formes grossières et seulement ébauchées, incomplétement couvert de plumes, ne pouvant ni voler ni courir. Il vivait à l'île Bourbon, et on l'y cherche aujourd'hui vainement.

Pense-t-on que les cornes démesurément longues qui chargent la tête de certains ruminants leur soient utiles? que les pattes inégales du kanguroo et des gerboises remplissent aussi bien leur office que si elles étaient de même dimension? que la longueur démesurée des phalanges de l'aïe-aïe de Madagascar, la roideur du cou de la girafe, soient un avantage pour ces animaux? et voudrait-on méconnaître que le lion, le tigre, le loup, le renard, le cheval, ont été mieux dotés? L'exubérance des plumes du ménure-lyre, de l'épimaque, de l'oiseau de paradis, de la veuve, du tyran à ventre jaune; la grosseur du bec du calao et du toucan, ainsi que la singulière conformation du bec du flamant et celle du bec-en-ciseaux, ne laissent-ils de place qu'à l'admiration, et n'est-il pas possible de décider que les rapaces et les passereaux ont été plus généreusement traités?

Si des oiseaux nous passons aux reptiles, que penser de l'orvet fragile comme le verre, du tridactyle, de l'*amphiuma*, du chalcide, du chirote et de la sirène, avec leurs pattes rudimentaires? La disproportion des mandibules dans le *machæra*, la situation des yeux de l'uranoscope, la forme bizarre du corps, des raies, sont-elles un bien, et soutiendra-t-on que la carpe, l'esturgeon, le brochet ou le saumon n'ont pas été placés dans des conditions meilleures? Il y a plus, le rapprochement des sexes qui régit la durée de l'espèce, ne présente-t-il pas des difficultés évidentes? La direction du pénis, les papilles dont il est parfois couvert, la férocité des femelles dans les arachnides, la consistance solide du pollen dans les orchidées, tout cela est-il avantageux? Sans doute, ces défauts d'harmonie ne sont pas des obstacles insurmontables, puisque nous voyons se reproduire les êtres chez lesquels on les observe; cependant ils permettent de croire que certaines espèces encore plus mal dotées ont dû cesser de vivre, incapables de résister aux causes de destruction qui étaient en elles ou autour d'elles, et nous en avons trouvé dans le dronte un exemple presque contemporain.

L'homme lui-même, avec sa peau nue, exposé aux injures de l'air, privé d'armes naturelles, ne sachant ni courir, ni nager, ni grimper, n'a-t-il rien à désirer?

Cette inégale répartition des avantages physiques capables d'assurer le maintien de l'espèce dispose à penser que la nature, alors qu'elle exerçait sa puissance créatrice dans toute sa plénitude, a jeté à profusion sur le sol et dans les eaux des productions étranges qui n'étaient pas dans des conditions suffisamment favorables pour se perpétuer, celles-ci désarmées en présence d'ennemis redoutables, celles-là gigantesques et voraces, condamnées à périr d'inanition. Peu à peu ces monstres ont disparu; ce qui pouvait durer a vécu et vit encore. Une sorte d'épuration s'est opérée, et c'est là ce qui explique comment on voit certaines espèces d'animaux n'avoir juste dans leur organisation que ce qu'il faut pour résister aux causes défavorables qui sont en elles; elles vivent, mais leur existence est précaire et constamment menacée.

Des compensations, qui pourtant ne donnent pas à tous les êtres une complète égalité dans les avantages, ont été accordées. Ainsi, plus les cornes sont volumineuses, plus aussi elles ont de légèreté. Pourtant, si la nature a diminué l'inconvénient du poids, elle a laissé le volume toujours gênant. La queue du kanguroo, grosse et roide, permet à l'animal de rester indéfiniment accroupi; elle lui sert dans le saut, et, comme les bonds se succèdent avec une extrême rapidité, ils équivalent à la course la plus accélérée. Mais cet animal n'en est pas moins hétéroclite ou anomal; la disproportion des membres antérieurs et postérieurs est disharmonique et en dehors du plan du squelette : c'est une monstruosité. Quoique le bec énorme du calao rhinocéros et celui des toucans soient creusés de larges sinus destinés à en diminuer le poids, ils n'en sont pas moins un embarras pour ces oiseaux, obligés de renverser la tête sur le dos pour trouver le sommeil. La marche et le vol, si faciles d'ordinaire, en sont entravés. Les oiseaux des tropiques, chargés de plumes trop abondantes, laissent aux vents une si large prise, qu'ils ne peuvent diriger leurs mouvements; jetés contre les arbres et contre les rochers, ils sont écrasés par le choc. Le caméléon, le plus lent peut-être, dans ses mouvements, de tous les vertébrés, lance avec la rapidité d'un projectile sa langue gluante sur les insectes qui sont à sa portée. Cet avantage ne le met pas à l'abri de diètes prolongées qui le feraient mourir si les besoins de son estomac étaient plus impérieux.

Au reste, ces imperfections sont si peu de chose pour qui étend ses observations à l'ensemble des choses créées, qu'elles peuvent être comptées pour rien : elles se bornent à de simples arrêts de développement et à l'hypertrophie des productions épidermoïdes qui couvrent le corps de la plupart des animaux. Nous les avons signalées pour constater que l'impulsion créatrice a pu dépasser le but, ou bien ne pas l'atteindre complétement, et nous n'en parlons que pour indiquer comment le règne organique a pu subir une sorte de sélection naturelle sans qu'il soit besoin d'invoquer le secours du darwinisme.

III. — Milieux d'habitation des êtres vivants.

I.

Les plantes et les animaux dépendent de la terre, qui fournit les éléments inorganiques sur lesquels s'appuie la vie : chaux, silice, magnésie, alumine, soufre, phosphore, fer, manganèse, etc. C'est d'elle et de l'air que nous tirons les matériaux qui servent à notre accroissement, ainsi que les aliments qui nous nourrissent. Nous sommes, en quelque sorte les parasites de la terre, comme les ténias, les bothriocéphales, les ascarides sont les nôtres.

Il est facile de voir que la terre et ses annexes ont été disposées pour permettre l'évolution de la vie. L'harmonie qui existe entre les êtres organisés et le milieu où ils vivent est parfaite. Qu'elle s'interrompe en un seul point, et ils devront disparaître. Pour qu'ils pussent se perpétuer, il fallait que l'air ambiant convînt à tous ; que cet air pénétrât le sol et qu'il vînt se mêler aux couches superficielles des eaux douces ou salées. Il fallait que la lumière fût ce qu'elle est : trop diffuse, les végétaux se fussent étiolés ; trop vive, ils auraient été surexcités. Il fallait des alternatives de pluie et de sécheresse ; des terrains humides et des terrains secs : une salure médiocre de l'eau des mers ; un sol composé de particules faciles à pénétrer. Tout cela existe, et les vues providentielles peuvent facilement en être déduites. Si ces conditions eussent été différentes, il y aurait une autre nature organique. Telle que la terre existe, elle se prête d'une manière merveilleuse au développement des êtres vivants. Qu'une lagune se forme et persiste, qu'un coin de terre émerge du sein des eaux, et presque aussitôt apparaissent des animaux et des plantes. Ces dernières surtout sont envahissantes et s'emparent du sol, sans rien laisser d'inoccupé. Le sable des déserts et celui des rivages, les moindres anfractuosités des rochers, les troncs d'arbres jeunes ou vieux, se couvrent de plantes, et il suffit du moindre espace laissé libre pour qu'elles puissent prospérer.

Lorsque la végétation des plantes ligneuses vient à cesser sur les hautes montagnes, la végétation des herbes continue. Si, par delà la limite des neiges éternelles, un roc coupé à pic laisse à nu ses pans perpendiculaires, les lichens et les mousses s'y établissent et de petites plantes viennent y fleurir. Si le sommet du Mont-Blanc pouvait se dénuder, il se couvrirait de verdure.

Mais tous les lieux ne conviennent ni à toutes les plantes, ni à tous les animaux. A chacun son habitation, à chacun son climat, à chacun le milieu hors duquel il ne saurait vivre.

La terre a trois océans : un central, le feu; un extérieur, la mer; un aérien, l'air. La densité de ces océans diminue du centre à la circonférence, atmosphère comprise. Tous ont leurs tempêtes : l'océan de feu ne se révèle à nous que par des désastres, et il communique avec le sol par la bouche des volcans; l'océan des eaux s'émeut de la violence des vents, et plus grands sont les troubles de l'air, plus violentes sont les tempêtes qui agitent la mer.

Mais ces troubles momentanés profitent à la nature organique : l'eau de la mer et celle des lacs se saturent d'air, et les animaux à branchies, ceux mêmes qui vivent à de grandes profondeurs, respirent plus aisément. Les rivières dont le cours est rapide et qui descendent des montagnes s'aèrent aussi dans leur trajet avant d'arriver dans la plaine, et l'eau acquiert des qualités vivifiantes qu'elle n'aurait pas sans cela. Enfin les vents, s'ils soufflent sans trop de violence, renouvellent les couches inférieures de l'atmosphère, la purifient et activent la nutrition des plantes en favorisant la transpiration, qui appelle des racines vers les feuilles de nouveaux sucs nourriciers.

Quoique d'ordinaire les plantes et les animaux soient divisés en aquatiques et en terrestres, tous sont aériens, puisqu'il faut, comme condition essentielle de la vie, que l'air intervienne, soit directement, soit à l'état de mélange avec l'eau.

L'air a partout la même composition; il semblerait donc au premier abord que les animaux et les plantes pourraient vivre également bien sous toutes les latitudes et dans tous les lieux possibles. Il n'en est rien : les plaines, suivant la nature minéralogique des terrains et l'abondance des eaux, dont l'écoulement est plus ou moins rapide, s'émaillent de plantes différentes et nourrissent des animaux spéciaux. Les prés, les bois, les forêts, les marais, les terrains calcaires ou siliceux, ont leurs hôtes, confinés dans des stations particulières, leur patrie, à l'exclusion de toute autre.

On sait que les montagnes sont partagées en zones caractérisées par des climats de plus en plus froids quand on se rapproche davantage des sommets. Une nature toute spéciale frappe les yeux, et, pour la caractériser, on dit qu'elle est alpine. Quelques plantes et quelques animaux appartiennent tout à la fois à la montagne et à la plaine ; mais c'est une exception, l'accès des terrains inférieurs étant d'ordinaire interdit au plus grand nombre. La différence de composition qui existe entre les eaux douces et les eaux salées suffit pour faire à chacun d'eux un monde organique absolument différent dans les formes, la manière de vivre et la composition chimique. Qu'un lac soit aussi grand ou même plus grand qu'une Caspienne, et il ne produira ni fucus iodifères, ni madrépores aux formes étranges, ni polypes aux longs bras, ni ces robustes crustacés, hôtes exclusifs des mers. Ces productions constituent, sinon un autre règne, du moins une nature l'une à l'autre étrangère.

L'eau douce même, suivant qu'elle est torrentueuse ou paisible, ne nourrit plus les mêmes animaux et ne pare plus ses rives des mêmes plantes.

La mer, quoiqu'elle garde le même niveau et qu'elle ait partout la même composition, est diversement peuplée, suivant la différence des latitudes. Ce n'est pas tout : les couches superficielles et les couches profondes ne sont pas habitées par les mêmes êtres. Le fond de l'eau est le lieu de prédilection des organismes qui n'ont besoin que de très-peu d'air et de très-peu de lumière : tels sont les poissons serpentiformes, qui trouvent leur nourriture dans la vase des bas-fonds ; plus haut stationnent les poissons, qui, pour chasser, ont besoin de plus de lumière, et, près de la surface de l'eau, ceux qui éprouvent le besoin de se mettre le plus complétement qu'ils le peuvent en rapport avec l'atmosphère. Les premiers pourraient être assimilés aux animaux de plaine, les autres aux animaux de montagne, et ces populations, quoique de même organisation, vivent absolument isolées les unes des autres.

Ainsi, pour séparer les animaux et les plantes, interviennent la différence des terrains, la composition des eaux, l'altitude des montagnes; ce n'est pas tout, à ces causes si puissantes s'ajoute encore l'influence des climats et celle des latitudes.

Les organismes des deux règnes ne peuvent pas tous supporter les basses températures, lors même que dans l'été la chaleur s'élèverait d'une manière considérable. Le terme de la congélation est, pour beaucoup de plantes et d'animaux, le terme de la vie, et d'une manière d'autant plus certaine, que le froid est plus intense. De là cette désignation de climats chauds et de climats froids. Lorsque le thermomètre ne descend jamais au-dessous de zéro, que la lumière et les ténèbres sont également réparties, la vie animale et végétale n'éprouve aucune interruption sensible. Si à cette température, constamment modérée, vient s'ajouter un agent de plus, l'eau à l'état de vapeur, les plantes et les animaux seront dans l'état le plus prospère et pourront acquérir des dimensions colossales. Là vivront les bombax, les baobabs, les éléphants et les rhinocéros. Les herbes disparaîtront pour ne laisser de place qu'aux arbres, sur le tronc desquels elles seront forcées de s'établir, faute mieux.

Dans ces parties privilégiées de la terre, l'équateur et les tropiques, les faunes et les flores pourront s'enrichir de productions charmantes qui allient à l'extrême délicatesse des formes une durée que n'abrége point le froid des hivers. Tandis que dans la zone tempérée cette durée ne sera le partage que des créations robustes, tout ce que la nature produira de plantes ou d'animaux délicats ne pourra résister au froid de l'hiver.

L'influence des climats est si marquée, qu'en France, pays d'une étendue relativement médiocre, on a dû reconnaître deux régions : l'une septentrionale, l'autre méridionale : les chênes et les oliviers.

Indépendamment des causes appréciables qui séparent les plantes et les animaux, suivant leurs stations et leurs habitations, il en est d'autres dont la puissance est invincible, et qui sont inconnues.

Admettons, ce qui arrive en effet, que les arbres de deux pays croissent dans des conditions en apparence absolument pareilles, même altitude, même température, même terrain, même état hygrométrique de l'air, et l'on verra que l'acclimatation réciproque de ces arbres, exilés du sol natal, ne sera pas toujours possible lorsque ces pays seront séparés par de très-grandes distances. Il semble que peu après avoir commencé à se développer, la terre leur parle un langage inconnu, auquel ils ne sauraient s'habituer, et l'on pourrait croire qu'ils sont frappés de nostalgie. Ce que je dis des arbres s'entend surtout des animaux.

Ainsi, dans un même pays, les animaux et les plantes sont parqués dans certains lieux dont ils ne peuvent s'écarter: c'est un sol natal; s'ils sont là, c'est qu'ils ne sauraient être ailleurs. Faut-il croire que primitivement ces êtres, particulièrement les plantes, pouvaient vivre également partout, et que la nature des terrains les ayant influencés, ils se seraient en quelque sorte appropriés au lieu où le hasard les aurait jetés pour devenir ensuite impuissants à vivre ailleurs. Mais alors ne peut-on pas se demander comment ils ont pu d'abord y vivre, puisqu'ils n'y étaient pas façonnés, et comment aujourd'hui on ne voit plus se reproduire de pareils phénomènes. Habiter tel lieu plutôt que tel autre est une manière particulière de se nourrir, et rien n'est plus caractéristique. Une plante qui vit dans les sables ne se nourrit que de la rosée qui tombe du ciel et de l'air atmosphérique qu'elle absorbe; les plantes des bords de la mer aiment la soude; les graminées, la silice; les crucifères, les terrains azotés; les champignons ne prospèrent que dans les endroits abrités; les bruyères, que dans les lieux découverts: à celles-ci une eau abondante, à celles-là seulement l'humidité de l'air. Ce sont des caractères qui, sans pouvoir entrer dans les descriptions, ne font pas moins partie de la nature intime de l'être chez lequel on les observe, et ils lui appartiennent au même titre que la forme.

II.

Nous venons de parler des stations, c'est-à-dire du lieu natal des plantes et des animaux; il nous reste à parler des habitations, c'est-à-dire de la patrie. Pour bien faire comprendre la valeur de ces termes, il nous suffira de dire que la station des nymphéas est l'eau, et que l'habitation du nymphéa à fleurs blanches est l'Europe.

Lorsque les anciens reconnaissaient quatre éléments, s'ils ne faisaient pas preuve de science, du moins se montraient-ils observateurs. Sans le feu ou le calorique, sans l'eau qui assouplit et nourrit les organes, sans l'air qui les pénètre et leur cède ses principes constituants, sans la terre qui leur fournit les éléments matériels qui forment la masse et donnent la consistance, la vie n'eût pas été possible.

Sur toute la surface du globe, et dans les plus grandes profondeurs des mers, ces agents de la vie exercent leur puissance, mais avec des intensités différentes, d'où résultent pour les productions des deux règnes des conditions qui ne sont pas les mêmes pour toutes; celles-ci ayant ou n'ayant pas la durée, celles-là ayant ou n'ayant pas la force, refusant à ceux-ci la beauté pour la donner à d'autres.

Nous ne discuterons pas ici la valeur absolue de ce mot. Rigoureusement parlant, la beauté est toute de convention, et chaque être est doué de celle qui lui est propre, sans avoir rien à envier à aucun autre; s'il changeait, il deviendrait autre chose que ce qu'il est, et ne serait plus ce qu'il doit être. Pourtant les idées que nous nous sommes faites du beau et du laid en histoire naturelle et en esthétique font partie désormais de notre manière de voir et de sentir; il faut les prendre telles qu'elles sont admises; d'ailleurs les impressions que nos sens nous transmettent et que notre intelligence apprécie nous permettent d'en juger sainement, et de dire pourquoi telle chose nous plaît et non telle autre.

La beauté des formes, la vivacité des couleurs, la suavité des parfums, la majesté du port, peuvent se produire sous toutes

les latitudes, mais avec plus d'éclat dans certaines parties de
la terre que dans d'autres. C'est là ce que nous allons exposer
brièvement.

La terre peut être comparée à deux montagnes unies base
contre base. Ce point de jonction imaginaire se trouverait à
l'équateur; les tropiques en seraient les premiers versants,
les zones tempérées les versants supérieurs, les pôles le sommet.
L'équateur deviendrait la plaine, et recevrait durant le jour
l'influence d'une lumière toujours pure et d'une température
constamment égale; les grands cours d'eau laisseraient déga-
ger dans l'air une humidité sans cesse renouvelée, et les froids
y seraient inconnus : les régions tropicales jouiraient des mêmes
avantages avec une chaleur plus vive et des eaux moins abondantes. Dans ces contrées, où l'homme n'a que faiblement
encore exercé son industrie, qui change les climats à son profit et au préjudice des êtres organisés dont il tire parti, très-
souvent en les modifiant, la nature étale tout son luxe. Les
mammifères y revêtent des poils soyeux, les oiseaux des plumes
magnifiques; les poissons même, qui ne reçoivent l'influence
des agents étrangers que d'une manière indirecte, sont couverts d'écailles qui le disputent en éclat aux plus riches métaux. Les coquilles y acquièrent une délicatesse infinie; les
insectes ressemblent à des pierres précieuses ; les papillons ont
l'envergure des oiseaux; les oiseaux sont des fleurs vivantes,
les fleurs des oiseaux qui ont déployé leurs ailes. Non-seulement la nature équatoriale et tropicale donne aux êtres vivants
des formes charmantes et de riches habits, mais elle leur
accorde encore la force, la taille, l'agilité et la durée. Qui dira
la prodigieuse variété de formes des plantes, l'élégance des
lianes, la majesté des grands arbres, la beauté sans pareille
des fleurs, leurs nuances infinies, la suavité de leurs aromes!
Heureuse et féconde nature, dont il faudrait que l'homme se
montrât plus digne.

Les zones tempérées sont loin d'être deshéritées de belles
productions, mais elles n'atteignent pas à la même magni-
ficence. La main de l'homme, en adoucissant l'âpreté du sol
vierge, en a changé la physionomie; c'est une nature presque
partout civilisée. Pourtant çà et là se montre-t-elle encore

indépendante, mais sans pourtant jamais rivaliser avec les sites du nouveau monde. Dans les hautes montagnes de l'Espagne, Pyrénées et Sierra-Nevada, dans cette grande ossature qui forme l'épaisse chaîne qui sépare la France de l'Italie, dans le Tyrol et ailleurs encore, le pittoresque atteint au grandiose; les Alpes, qui couronnent leur tête de neiges éternelles et de glaciers, sont belles, mais d'une beauté imposante et terible. Le chamois les visite, et leurs versants se parent de jolies fleurs qui sont loin toutefois d'égaler en éclat et en variété les productions naturelles des tropiques et de l'équateur.

En s'élevant très-haut sur les zones glaciales de l'un et de l'autre hémisphère, la nature s'appauvrit peu à peu. Quelques oiseaux ichthyophages chargés de graisse, des amphibies, l'ours polaire, le bœuf musqué, les grands cétacés qui cherchent un refuge au milieu des glaces, voilà les animaux; plusieurs espèces de lichens et quelques petites plantes frileuses qui s'attachent à la paroi des rochers, voilà les plantes; ajoutons à cette liste, pour la compléter, les Esquimaux, épars sur des espaces immenses qui s'étendent stériles sous un ciel inclément. Au sommet de ces deux pôles, que les navigateurs n'ont pu encore atteindre, tout est glacé, et la vie, comme sur la cime du Mont-Blanc, a trouvé les limites de sa puissance créatrice.

Sur les hautes montagnes de l'Europe tempérée, on retrouve les pôles, mais nulle part dans les plaines, les tropiques ou l'équateur.

La lumière et la chaleur sont distribuées à toute la terre, quoique très-inégalement. Il est rare que le brouillard et les nuages viennent voiler dans les régions équatoriales les rayons du soleil, tandis que la zone tempérée a ce grave inconvénient d'être nuageuse et brumeuse. Une lumière toujours pure excite d'une manière constamment égale la nature vivante, et elle peut enfanter ses plus riches trésors sans que l'excès du froid ou celui de l'humidité puisse y faire obstacle. Le calorique, s'il est en excès, suspend la vie; mais le froid, s'il est intense, l'éteint tout à fait sous son souffle glacé. Ce n'est pas par le degré auquel s'élève en été le thermomètre, qu'il faut juger des effets de la chaleur, mais bien par son plus grand abaissement en hiver. Il fait plus chaud en Russie pendant l'été qu'en France, mais il fait beaucoup plus froid en hiver ; c'est pourquoi nous avons sur notre sol des productions refusées à la Russie. C'est ce qui arrive, et par les mêmes causes, pour les deux régions nord et sud de l'Espagne, de l'Italie et de la France.

L'élévation au-dessus du niveau de la mer vient à son tour influer sur la nature vivante. La pression de l'air est moins forte au fur et à mesure qu'on s'élève davantage sur les montagnes, et l'air est tout à la fois plus pur et plus froid.

Tout ce que nous venons de dire, indique que, suivant la nature des climats, il doit y avoir des faunes et des flores différentes ; d'où résultent des manières d'être tellement particulières, que les limites de ces habitations deviennent, sauf un très-petit nombre de cas, absolument infranchissables.

Les animaux transportés de l'équateur ou des tropiques dans notre climat s'en accommodent très-mal : il n'est pas possible d'y faire vivre les oiseaux-mouches ; les singes y meurent phthisiques. Nous ne pouvons conserver les plantes vivaces et ligneuses du Mexique, du Cap ou de la Nouvelle-Hollande, qu'avec des soins infinis et une température artificielle : elles fleurissent souvent dans nos serres, mais n'y fructifient presque jamais.

Les êtres vivants des deux règnes ont donc une patrie pour laquelle ils sont faits ; ils ne peuvent impunément la quitter. Si cela arrive, c'est pour eux un exil, et l'on sait que les exilés ne vivent que peu de temps.

Rien ne démontre mieux la puissance des lieux sur les organismes que ce qui est arrivé à quelques plantes d'Europe introduites dans nos colonies : si elles n'ont pas été changées dans leurs caractères spécifiques, elles y ont du moins acquis des proportions absolument différentes ; beaucoup sont devenues stériles, et leurs fruits, quand ils ont pu mûrir, ont perdu la saveur qui leur est propre.

Il ne serait pas difficile d'indiquer sur le globe des centres de création assez bien circonscrits pour qu'on puisse les reconnaître, sinon sur les frontières, du moins au centre. Quelques naturalistes en ont compté jusqu'à vingt-quatre ;

nous ne savons pas si ce nombre est rigoureux. Cependant il est bien vrai que la Nouvelle-Hollande, où vit l'Australien; le cap de Bonne-Espérance, patrie du Hottentot; l'est des montagnes Rocheuses, qu'habite l'Aztèque ou Mexicain; les bords du Mississippi et du fleuve Saint-Laurent, où sont établis les Peaux rouges; le Brésil, l'Inde gangétique et quelques autres contrées, ont des faunes et des flores spéciales. Doit-on admettre que dans ces centres, et dans d'autres que nous pourrions indiquer, les types, partout modifiés, proviennent les uns des autres par sélection naturelle? Nous ne le pensons pas. Quels qu'aient été les grands changements qui se sont opérés sur la terre, il y a toujours eu un équateur et des pôles, des climats chauds et des climats froids, et pour les êtres vivants des aptitudes qui leur ont rendu possible ou impossible de vivre ou de ne pas vivre dans tels ou tels lieux. Les ossements fossiles qui gisent à Montmartre et ailleurs appartiennent à des animaux qui ne pourraient aujourd'hui vivre en France, et les fougères qui ont laissé leurs empreintes sur les schistes houillers de Valenciennes ou de Mons demanderaient, pour se développer, un tout autre climat que celui du nord de la France ou du sud de la Belgique.

L'influence des climats est si grande à nos yeux, qu'il pourrait suffire du déplacement des pôles pour faire périr, sans autre cause, les êtres vivants qui auraient à supporter cette transition, sauf peut-être quelques exceptions qui appartiendraient plutôt à la vie aquatique qu'à la vie terrestre.

Admettons, avec quelques auteurs modernes, qu'il n'y ait eu que des changements lents, s'opérant pendant une très-longue suite de siècles, sans secousses, abandonnant le règne organique à ses propres forces, plantes et animaux pouvant vivre sous toutes les latitudes et dans tous les terrains, et l'on se demandera comment ils ont pu perdre cette prérogative pour occuper des cases distinctes sur cet immense échiquier. Est-ce une épuration qui n'aurait laissé dans les pays froids que ceux qui étaient assez robustes pour y vivre? Mais comment cette épuration eût-elle pu s'opérer, puisqu'ils y étaient nés et qu'ils s'y étaient, pendant un temps du moins, reproduits? En admettant cette extinction par cause de froid, ne faudrait-il pas retrouver dans les pays chauds tous les animaux des pays froids, la chaleur favorisant la vie au lieu d'en abréger la durée?

Pour sortir de ces difficultés insurmontables et rester, sinon dans le vrai, du moins dans le possible, il faut admettre que les plantes et les animaux ont été créés pour le lieu où nous les voyons vivre aujourd'hui.

Les plantes des montagnes y resteront toujours, celles de la plaine ne les escaladeront pas. Le moineau des neiges (*Fringilla nivalis*) ne viendra jamais nicher dans nos villes; le nénuphar jaune ne quittera pas l'eau pour le sable, ni la truite des ruisseaux pour les grands fleuves. Nous ne verrons point en Europe les colibris voltiger sur nos fleurs, ni notre chardonneret s'attaquer aux immortelles du cap de Bonne-Espérance; le tronc de nos arbres ne se revêtira jamais d'orchidées ni de broméliacées, non plus que les baobabs africains de lierre et de chèvrefeuille.

En voyant les plantes et les animaux complétement séparés par la qualité des terrains, la nature des eaux, l'élévation des montagnes au-dessus des mers, la différence des climats, on doit croire que la sélection n'a pas pu produire des aptitudes si diverses, et que d'autres causes plus puissantes ont dû intervenir. C'est là ce qu'il conviendra d'examiner bientôt.

IV. — Permanence des formes spécifiques dans l'ordre naturel.

§ 1. — *De l'espèce.*

L'espèce est une réunion d'individus ayant une origine commune, destinés à produire des êtres qui leur ressembleront, comme ils ressemblent à leurs parents, et toujours ainsi pendant une durée de temps dont le terme peut nous paraître inconnu. C'est le présent ayant derrière lui le passé et devant lui l'avenir.

Si nous disons que les individus d'une même espèce se ressemblent, cela ne veut pas dire qu'ils ne soient séparés les uns des autres par des nuances; mais ces modifications légères n'altèrent pas d'une manière sensible le type spécifique.

La nature organique est essentiellement conservatrice; cependant elle ne procède pas en faisant des calques. Si elle tient peu de compte de la taille, du poids, de la force ; si elle peut varier le réseau vasculaire des organes foliacés, la dimension des feuilles, ainsi que le nombre des fleurs ; si elle peut donner aux animaux des poils plus ou moins abondants, des cornes plus ou moins longues, etc., elle maintient chez les plantes la forme générale de la fleur, la situation des étamines, la direction de l'embryon, et chez les animaux la durée de la gestation, le mode de nutrition, en un mot, les tendances habituelles de la vie. Cette loi de permanence se retrouve jusque dans le règne inorganique : les sels forment des cristaux qui, tout en différant de dimensions, conservent les formes géométriques propres à chacun d'eux ; c'est là leur spécificité. Le dimorphisme lui-même est réglé, puisqu'il résulte de circonstances invariables et connues.

L'individu étant une création destinée à vivre isolément, à agir pour son compte, à mourir à ses heures, à avoir une existence indépendante, en un mot, constituant une personnalité, ne devait pas être rigoureusement moulé sur ses congénères, quoiqu'il dût leur ressembler par le fonctionnement des organes importants.

Sous le rapport de la structure extérieure, les individus d'une même espèce font osciller la forme typique, et lui font subir des écarts qui peuvent être représentés par un angle dont cependant l'ouverture est déterminée ; de ces nuances de forme résulte la physionomie générale de l'espèce, toujours distincte et parfaitement reconnaissable. C'est encore, si l'on veut, un pendule toujours mû par la même force, qui s'écarte de la perpendiculaire pour y revenir et s'en écarter de nouveau. Si ces nuances n'existaient pas, si certains individus n'étaient pas doués de qualités qui n'existent pas chez d'autres, la sélection artificielle, dont nous reconnaissons la puissance, ne serait pas possible.

C'est dans ces différences que consiste ce que nous pourrions nommer la *variété individuelle*, qui n'agit en aucune manière sur les types, et qui ne saurait ni les altérer, ni moins encore les remplacer. L'espèce, dans les individus qui la composent, peut être comparée à une nation constituée d'hommes dont aucun ne ressemble absolument aux autres; les générations, en se succédant, reproduisent les mêmes nuances individuelles, et la physionomie nationale se conserve sans rien perdre du caractère qui la distingue.

Mais il arrive, quoique bien rarement, que le type spécifique produit des individus qui s'en écartent d'une manière plus considérable, et qui peuvent continuer par des générations successives les modifications qu'ils ont reçues. On a alors, non plus la variété individuelle, mais la *variété spécifique* ou la *race*. Lorsque le changement s'opère chez les plantes, il peut s'expliquer par le terrain qui s'est modifié, par le climat qui a changé, par l'air qui n'est plus dans les mêmes conditions hygrométriques; s'il a lieu chez les animaux, il a pour causes, entre autres, une perturbation dans les habitudes de la vie, un éloignement volontaire des lieux où l'espèce s'était cantonnée de temps immémorial, un changement forcé dans le régime habituel, etc. L'hybridité a pu même jouer un rôle et créer des métis indéfiniment féconds, et cependant, même alors, comme cette déviation aux lois générales n'a lieu qu'entre des espèces très-voisines, les produits qui en résultent font toujours reconnaître le type producteur originel.

Il est parmi les plantes et les animaux des espèces plus modifiables les unes que les autres. Les genres *Cenomyce*, *Hieracium*, *Viola*, *Rubus*, *Rosa*, parmi les végétaux; les genres Chien et Pigeon parmi les animaux, en fournissent des preuves éclatantes, et nous pourrions en indiquer d'autres. Il est bien difficile de croire à la validité de deux mille espèces de mouches, à celle de trente ou quarante mille espèces de coléoptères, aux quinze ou dix-huit cents espèces d'agarics. Les faunes et les flores décrivent bien plus de formes qu'il n'y a de véritables types spécifiques; il fallait pourtant en tenir compte, autrement tout aurait été dans la confusion : d'ailleurs, une fois les races établies, comment les rattacher avec certitude à la souche originelle?

Ces variations auxquelles nous croyons, quoique d'une manière très-limitée, ne sont pas le résultat de ce que l'on veut entendre par la sélection.

Nous pourrions ne pas trouver ce mot d'une parfaite justesse lorsqu'on l'attribue à la nature. L'homme choisit et procède véritablement par *sélection;* c'est un art, et il a su le créer. Mais comment pourrait-on dire que la nature fait des choix, tandis qu'elle est soumise à des lois qu'elle exécute aveuglément? Il faut discerner pour choisir, et elle ne discerne rien. D'ailleurs, si la chose était possible, on ne voit pas qu'elle le fasse. Les modifications de l'espèce ne tendent pas à améliorer et à diriger les êtres vivants dans des voies de perfectionnement. Il est des races faibles et des races fortes, les unes qui semblent déchoir, et les autres qui semblent s'élever. C'est ce double effet qui maintient l'espèce. D'ailleurs, que peut-on comprendre par le mot *perfectionnement* en dehors de l'humanité? Que pourraient gagner les plantes en se transformant, elles dont les formes sont si variées et si élégantes? Et les animaux qui se reproduisent et se perpétuent, ne donnent-ils pas la preuve que, si tout en eux n'est pas parfait, dans le sens absolu du mot, tout du moins l'est assez pour les faire vivre?

Nous venons d'indiquer quelques genres polymorphiques; mais combien n'en existe-t-il pas d'immuables? Si tous étaient mobiles dans leurs formes, l'harmonie serait détruite, et dans ce pêle-mêle tout serait méconnaissable, et cependant les types ainsi modifiés ne seraient pas changés : les *Cenomyce* seraient toujours des lichens dendroïdes, les *Hieracium* des chicoracées, les *Viola* des violariées, les pigeons des espèces du genre *Columba,* etc. La nature maintient, telle est la loi qui subordonne ses productions.

Le système qui soutient la mutabilité des espèces, et qui fait dériver les types d'une souche commune, répond aux objections en alléguant l'action du temps. Qui peut savoir, dit-on, l'étendue des changements que doivent déterminer, non pas cinq siècles, mais cent, mais mille et plus encore? Il est certain que nul ne le saurait dire. Si l'action du temps est telle, il faudrait le prouver. Lorsqu'on défend l'immutabilité de l'espèce, encore a-t-on quelques faits à invoquer. Ce que les siècles auraient produit ne serait pas un simple changement de forme, de taille ou de durée, il s'agirait d'une véritable métamorphose, puisque trois ou quatre types pour chacun des règnes auraient suffi pour *enfanter* tous les autres. Si l'on accordait cela, il faudrait admettre que ces changements, avant de devenir complets, ont été progressifs, et que, pour constater cette évolution, il pourrait suffire d'un nombre assez restreint de siècles; or, il n'en est rien. Les momies d'hommes, de chats, d'oiseaux, qui datent de plus de vingt siècles, n'offrent aucune différence avec les hommes et les animaux d'à présent, et il n'en est pas autrement des animaux et des plantes représentés sur les monuments ninivites ou hindous. L'olivier, le safran, le nard, les céréales, le figuier, le sycomore, l'amandier, le grenadier, et tant d'autres plantes mentionnées dans les écrits bibliques, se trouvent encore en Palestine sans qu'elles aient subi le moindre changement. Les flores et les faunes peuvent perdre ou gagner en nombre d'espèces; mais celles qui persistent dans un pays y conservent leurs caractères d'une manière durable.

§ 2. — Unité de type.

1.

La nature organique, malgré la prodigieuse variété des formes actuelles, dériverait, ainsi le voudrait le darwinisme, de la métamorphose lente et successive d'un type peut-être unique. Quel pourrait être ce prototype?... La cellule?... Certes, ce serait aller bien loin. Quoiqu'il existe des organismes unicellulaires parmi les algues, et que beaucoup d'infusoires semblent être dans ce cas, on peut dire que le caractère de la cellule est d'en créer d'autres et de donner à ces agglomérations des propriétés qu'elle ne pourrait avoir étant isolée. Examinées soigneusement à la vue simple ou même avec les instruments amplifiants les plus puissants, les cellules des deux règnes paraissent absolument identiques, et cependant on ne peut supposer qu'il en soit ainsi. Il suffit, pour constater leur individualité, de savoir que, par leur réunion, elles acquièrent des propriétés différentes. Si nous ne pouvons toujours nous en convaincre par les sens, au moins pouvons-nous avec certitude nous aider du raisonnement pour en décider.

Les cellules, par leur association, forment des membranes, et chacune a sa manière de vivre et ses propriétés distinctes;

elles donnent au muscle la contractilité, à la fibre la résistance, au nerf la sensibilité; la plante leur doit l'élasticité, la souplesse, l'excitabilité. L'embryon animal et l'embryon végétal, auxquels la nature a commis le pouvoir de reproduire l'espèce, ont pour principe initial la cellule. Il n'en est pas autrement du pollen, de l'anthère dans laquelle il se constitue, du stigmate sur lequel il agit. L'œuf des plus grands animaux, de même que celui des plus petits, l'ovule du chêne, aussi bien que l'ovule de la plus modeste graminée, ont la cellule pour origine première.

Le développement, ou, si l'on veut, la germination d'une cellule peut-elle donner lieu à des organismes différents, suivant la nature des milieux où s'opère son évolution? C'est là ce que nous n'osons décider. Si l'on se prononce pour l'affirmative, il serait possible de comprendre comment cette molécule vivante aurait pu se prêter à la vie terrestre et à la vie aquatique. Nous reviendrons sur ce sujet, qui n'admet que des hypothèses pour explication; mais tel est l'intérêt qui s'y attache, que les hypothèses même sont permises.

Lorsque nous jetons nos regards sur un être organisé, nous ne voyons qu'une association savamment ordonnée de tissu cellulaire, modifié à l'infini. Plus il est extérieur, moins les modifications sont profondes; dans les parties intérieures des plantes et des animaux, il est presque méconnaissable.

Non-seulement la cellule paraît douée de propriétés différentes, suivant la nature des organes qu'elle concourt à former et suivant le rôle qu'ils doivent remplir, mais, en outre, chaque espèce a les siennes, qui ne sont pas identiques avec celles de l'espèce la plus voisine. C'est là ce qui rend compte de l'impossibilité de la transfusion du sang entre espèces différentes. La composition chimique, variable au moins dans la quantité des principes constituants, ferait seule obstacle, si les globules, qui ne sont autre chose que des cellules, ayant une forme et un calibre déterminés, n'intervenaient pour la rendre impraticable; il n'en est pas autrement de l'action des granules du pollen sur le stigmate : et voilà ce qui explique combien sont rares les hybrides, et, en raison d'obstacles d'une autre nature, la rareté non moins grande des mulets, ainsi que l'impossibilité où ils se trouvent de transmettre la faculté reproductrice.

Ainsi donc il pourrait y avoir autant de cellules différentes qu'il y a d'organismes, tout être vivant conservant sa spécificité jusque dans l'intimité de ses organes élémentaires. La manière dont les cellules se combinent donne la forme et la manière de vivre ; elles constituent par leur association — d'où résultent des propriétés différentes — ces merveilleux appareils qui donnent la vue, l'audition, l'olfaction, la gustation, la sensibilité, en un mot, tout ce qui permet à la plante et à l'animal d'accomplir leurs destinées.

Si l'on voulait, acceptant la théorie de M. Darwin dans toute sa rigueur, croire que la nature organique tire son origine d'un seul type, il faudrait désigner la cellule. Mais s'il est vrai que toutes celles qui forment la masse des êtres vivants sont représentées par autant d'espèces qu'il y a d'organisations distinctes, il s'ensuivrait qu'il ne faudrait pas une seule cellule mère, mais autant de cellules qu'il y aurait d'espèces de plantes et d'animaux. Or, il serait aussi difficile de comprendre cette immensité de cellules différentes comme origine de la nature vivante qu'il l'est aujourd'hui de s'expliquer l'apparition sur la terre des organismes aussi nombreux que variés qui la peuplent, et qu'on suppose avoir été formés de toutes pièces. Le miracle est exactement le même, et l'on rentre à pleines voiles dans la *Genèse*.

Ces cellules, en se comportant comme éléments de formation des êtres, auraient été de véritables ovules qui se seraient développés, les uns sans enveloppes séminales, les autres sans utérus. Mais d'où aurait pu provenir la fécondité dont elles eussent été douées ? quel pouvoir mystérieux aurait agi sur elles ? Voilà ce que personne ne saurait dire ni faire comprendre.

L'hétérogénie ne cherche pas à prouver que rien produit quelque chose, mais que la matière organique, ou en d'autres termes les cellules ayant appartenu à des organismes d'un ordre supérieur, frappées de mort, jouissent d'une vie particulière qui leur permet de se comporter comme des germes et de produire ainsi de nouvelles formes organiques. Libre à qui voudra de ne pas accepter ce système ; mais nul ne pourra se refuser de croire qu'à son début la création, lors même qu'elle aurait eu la cellule pour prototype, a dû la créer, tandis que les hétérogénistes se contentent d'étendre ses propriétés et de croire possible que, détachée d'une membrane qui a vécu, elle puisse se comporter comme germe.

De la spécificité bien établie de la cellule, ne faudra-t-il pas déduire l'impossibilité de la métamorphose d'une plante en une autre plante, d'un animal en un autre animal? car non-seulement la forme aurait été changée, mais même la nature intime des organes élémentaires. Ce serait admettre une véritable métamorphose. Une forme serait détruite pour en créer une autre, comme le phénix qui renaissait de ses cendres toujours plus jeune et toujours plus beau. Il ne semble pas que la nature procède ainsi ; elle est soumise au mouvement, mais ce mouvement est réglé dans son action : c'est une loi.

II.

Nous reconnaissons volontiers que tous les êtres vivants ont entre eux des rapports d'organisation qui les unissent, sinon toujours par la forme, du moins par la manière de vivre.

Ce qu'ils ont de commun, c'est un pouvoir de résistance qui s'oppose pendant un temps à la disjonction des cellules élémentaires,—base des organes, — maintenues unies par une force particulière qualifiée de vitale. Quoiqu'elle n'ait pas une durée indéfinie, comme l'attraction qui s'oppose à la séparation des molécules inorganiques, dont l'ensemble forme l'individualité minérale, elle résiste comme elle. Aussi longtemps que l'être vit, il met obstacle par les actes fonctionnels des organes à la séparation de ses éléments constitutifs ; il meurt si la force chimique l'emporte sur la force vitale, et ce que la nature avait prêté, elle le reprend.

Tous les êtres vivants ont, sinon dans les parties extérieures qui les protégent, du moins dans leurs organes sous-jacents à l'épiderme, une certaine souplesse due à l'intermixtion, dans toutes leurs parties, d'une quantité d'eau plus ou moins considérable. Végétaux ou animaux naissent, s'accroissent et se reproduisent en vertu d'actes qui tendent au même but, quoique avec des moyens différents. Si tous ont besoin d'eau, tous aussi ont besoin d'air. Mais faut-il conclure de ces rapports fonctionnels qu'il n'existe pour tous qu'un type, et ne vaudrait-il pas mieux se contenter de reconnaître que leurs destinées seules sont pareilles : naître pour vivre, et vivre pour mourir ?

Pour qu'il n'y eût qu'un seul type, il faudrait qu'il n'y eût qu'une seule espèce de plante et qu'un seul animal pour s'en repaître ; or, comme les deux règnes sont variés à l'infini dans les formes extérieures et dans la constitution élémentaire des organes qui composent leur masse ; comme ils vivent dans des milieux pour lesquels ils ont été façonnés, et que leurs habitudes, leurs instincts, leur intelligence diffèrent, nous ne voyons plus seulement un type, mais une foule de types, et nous déduisons de leur manière diverse d'être une place distincte dans la création. Nous admettons qu'ils puissent disparaître, nous ne comprenons pas aussi bien qu'ils puissent changer.

III.

On reconnaît généralement, en zoologie, comme base de classification, quatre embranchements, et deux seulement en botanique. Serait-ce là les trois ou quatre types que veut bien admettre le système ? Mais combien n'en existe-t-il pas d'autres ! En ce qui concerne seulement les vertébrés, peut-on se refuser de reconnaître un type distinct dans chacun des ordres, mammifères, oiseaux, reptiles et poissons. De ce que certains mammifères volent, et exceptionnellement de ce que l'ornithorhynque et l'échidné ont des mâchoires façonnées en bec, sont-ce des motifs suffisants pour croire qu'ils indiquent une transition des mammifères aux oiseaux ? De ce que ceux-ci ont des pieds écailleux, un cou très-long, qui souvent ondule comme le corps d'un reptile, en déduira-t-on qu'ils ont quelque chose en eux qui les rapproche des serpents, et que peut-être ils en dérivent ? De ce que les gobies et les blennies peuvent quitter l'eau momentanément pour s'élever sur les écorces moussues, sont-ils pour cela des animaux terrestres et grimpeurs? L'anguille, qui rampe plutôt qu'elle ne nage, est-elle proche parente de la couleuvre, quoique l'une respire avec des branchies et l'autre avec des poumons? Où trouver les rapports qui uniraient les mollusques aux vertébrés? Serait-ce parce que les uns, suivant qu'ils sont terrestres ou aquatiques, respirent avec des poumons, comme les mammifères, les oiseaux et les reptiles, et avec des branchies, comme les poissons? Quoi de plus différent de tous les autres embranchement, que les articulés, et parmi ceux-ci quoi de plus distinct que les insectes et les arachnides, que les crustacés et les aptères, quoique tous aient le corps et les membres articulés et un système nerveux ganglionnaire? Et les rayonnés, les coraux, les madrépores, les éponges, à quoi se rattachent-ils? Enfin ce monde invisible, les infusoires, à quoi, pour la plupart, ressemblent-ils?

Cherchons seulement les types dans les mammifères, combien n'en devra-t-on pas reconnaître! Les chéiroptères, les marsupiaux, l'éléphant, le cheval, le bœuf, la plupart des édentés à langue extensible, la baleine, le cachalot, ne sont-ils pas des types nettement caractérisés?

Si du règne animal nous jetons un coup d'œil sur le règne végétal, il ne nous sera pas difficile de conclure dans le même sens : fucus et champignons, mousse et lichen, lis et palmier, bambou et chêne, gui et nénuphar! Tant de formes heurtées, tant de manières de vivre, tant d'aptitudes ou d'habitudes différentes, pourraient-elles appartenir à des créations lentement façonnées et sorties d'un même moule, seulement modifié? D'ailleurs, comment établir les filiations? Prenons pour exemple de cette extrême difficulté une créature ambiguë, le lamentin. A bien voir, quoiqu'il puisse vivre dans l'eau, nager comme un poisson, et qu'il soit pourvu de nageoires, il a sa place parmi les animaux terrestres. C'est sur le rivage de la mer qu'il se nourrit, s'il est herbivore; c'est là qu'il se repose, qu'il doit s'accoupler, qu'il allaite ses petits. Le fera-t-on dériver d'un mammifère terrestre? alors lequel choisir? Si tout change pour se perfectionner, d'où est-il sorti? Son corps pisciforme deviendra-t-il propre à la vie terrestre? Ses jambes et ses bras, si prodigieusement raccourcis, sont-ils destinés à s'allonger, et ses nageoires à se métamorphoser en pieds propres à la marche? Changera-t-il les fucus pour l'herbe des prairies, ou les poissons pour la gazelle ou le lièvre? Admettons que le temps produise ces merveilles, qu'aura-t-il gagné? Rien; il aura perdu. Le temps pourra le modifier, diminuer ou bien augmenter sa taille, changer la couleur de son pelage, sans pour cela en faire autre chose qu'un amphibie. Est-il destiné à devenir un cétacé? Non, sans doute, car ce serait évidemment déchoir, puisqu'il perdrait une faculté, celle de sortir de la mer.

Même difficulté pour l'hippopotame, le rhinocéros, l'éléphant, le tapir et une foule d'autres. La sélection, dites-vous, perfectionne. Il faudrait expliquer ce qu'on entend par le mot perfectionnement. Tous les animaux actuellement vivants n'ont-ils pas la perfection propre à chaque espèce, et ne sont-ils pas merveilleusement appropriés à la nature des milieux dans lesquels ils vivent? Le singe, s'il devient marcheur, sera-t-il amélioré? Le lion, le tigre, le cheval, l'aigle, le condor, le cygne, le caïman, le crocodile, la tortue, le requin, l'esturgeon, n'ont-ils pas toute la perfection possible? Changez-les, et ils seront déchus. L'argonaute, l'escargot, le homard, la langouste, l'abeille, la mouche, les araignées fileuses, le scorpion, n'ont-ils pas en eux tout ce qu'il faut pour vivre et reproduire leur race? En est-il autrement des plantes? le champignon, la mousse, le lichen, les fougères, les palmiers, les bananiers, nos saules, nos chênes, nos hêtres, ne sont-ils pas parfaits, chacun dans son espèce? La rose, le lis, la violette au parfum si doux, le jasmin, qui le lui dispute en suavité, ont-ils besoin de qualités nouvelles? A l'homme de modifier, pour en tirer le meilleur parti, les plantes et les animaux qui peuvent s'y prêter; à la nature de résister à son industrie, et de maintenir les types en leur conservant les caractères qui les distinguent les uns des autres.

L'homme lui-même, pour progresser, n'a qu'à rester ce qu'il est; son corps gardera sa forme, et son intelligence le caractère qui lui est propre. Supposer une créature humaine plus parfaite, sortie de nous, ne semble possible, ni même nécessaire. Nous n'avons pas reçu nos priviléges par droit de naissance, ils ont une source plus élevée. Ils sont notre conquête; c'est l'œuvre du temps et des efforts heureux que nous tentons chaque jour dans la voie du progrès.

IV.

Le fameux axiome : *Natura non facit saltus,* équivaut à dire que tous les êtres forment une chaîne non interrompue qui les unit les uns aux autres par des transitions insensibles et graduées. On peut, jusqu'à un certain point, comprendre que cet enchaînement existe en effet; mais il n'est pas toujours possible d'en réunir tous les chaînons, et souvent on les cherche sans pouvoir les trouver. Les personnes qui constatent ces lacunes disent, non sans quelque vraisemblance, que les anneaux manquant reposent dans les couches du globe, au-dessous de la surface actuelle de la terre.

Les caractères qui unissent les êtres vivants, quels sont-ils? Si l'on voulait descendre jusqu'aux parties élémentaires des organes, sans avoir égard à la manière dont ils fonctionnent, et sans se préoccuper de la forme, on devrait aboutir nécessairement à la cellule, et déjà nous en avons fait la remarque; mais, sans nier précisément qu'il en soit ainsi, on se contente de chercher des rapports d'ensemble, afin d'établir dans le règne organique une série continue également satisfaisante dans toutes ses parties.

Nous voyons bien que les vertébrés, — pour ne parler que de cet embranchement, le premier de tous, — ont en commun une colonne vertébrale, base du squelette, un axe cérébro-spinal, des côtes et presque universellement des appendices destinés à la locomotion ; mais la manière de vivre est si différente et si bien appropriée aux milieux d'habitation, les téguments extérieurs sont si variés, que les ordres de cette division primaire semblent n'appartenir qu'à eux-mêmes : et l'on se demande alors, sans trouver une réponse satisfaisante, par quels caractères les mammifères sont unis aux poissons ou aux reptiles, les oiseaux aux mammifères, les poissons aux oiseaux, et l'on ne peut se dispenser de constater que les types mammifère, oiseau, reptile et poisson sont parfaitement isolés. Ce sont bien des vertébrés, et si c'est par là qu'ils s'unissent les uns aux autres, plusieurs caractères, dont il est inutile de démontrer l'importance, les séparent. Les animaux à poils, à plumes, à écailles, n'ont qu'une parenté de convention. Rien ne rapproche intimement les mammifères des oiseaux, ni l'ornithorhynque, ni l'échidné; la chauve-souris qui vole, le phoque qui nage, l'autruche et le casoar qui courent, n'en sont pas moins des mammifères et des oiseaux. La dissimilitude ne fait que se prononcer davantage, si nous passons des vertébrés aux mollusques, et des mollusques aux articulés, les uns privés de squelette, les autres avec un squelette extérieur dont toutes les parties sont mobiles. Et que dirons-nous des rayonnés, animaux composés, et des infusoires, si variés de forme? Quelle place leur donnera-t-on dans la série animale? Disons-le, le mot *règne*, étant de pure convention, peut être diversement interprété, et l'on pourrait entendre dire, sans être en droit de s'étonner : le règne des vertébrés, des mollusques, des articulés, et, pour les plantes, le règne des fucus, des champignons, des fougères, des palmiers, des conifères; et cela avec d'autant plus de raison, que si ces êtres, si diversement organisés, ont en commun la vie, ils vivent de cent manières différentes. Ne sont-ils pas terrestres, aquatiques, pulmonés, branchiens, trachéens, carnassiers, herbivores, suceurs, vivipares, ovipares, ovovivipares, gemmipares? Le sang n'est-il pas froid, chaud, rouge, rosé? Les sucs des plantes n'ont-ils pas une constitution chimique infiniment variée? Ces dissemblances ne permettent pas toujours de souder ensemble les nombreux anneaux de la chaîne des êtres, et cependant il faudrait qu'il fût possible d'en comprendre la continuité, autrement le système des types réduits, comme géniteurs de toutes les formes végétales et animales, pécherait par sa base.

Considéré sous le rapport psychique, l'homme lui-même est séparé par un abîme des mammifères, auquel cependant le rattache son organisation physique. N'est-il pas doué d'une intelligence indéfiniment progressive, qui fait sa dignité et qui lui révèle la grandeur de ses destinées?

Plusieurs naturalistes éminents ont inféré de cette loi du progrès, à laquelle seul entre tous les animaux l'homme est soumis, qu'il doit constituer un règne à part. Il est bien difficile d'admettre une séparation aussi radicale. Les caractères physiques déterminent seuls la place que doivent occuper les êtres dans chacun des embranchements. Or, qui oserait nier que l'homme ne soit un mammifère? Peut-être pourrait-on accorder les exigences de l'histoire naturelle avec celles de la métaphysique, en mettant l'homme tout à fait en dehors des classifications. Cette séparation n'aurait rien d'illogique. N'est-il pas le point de départ de toute science? l'être auquel tout se rattache, le seul qui comprend, juge et apprécie?

Quoi que puissent dire les partisans de la progression indéfinie des types, jamais aucune espèce d'animal ne viendra se fondre ou se confondre avec l'homme, et l'on peut à bon droit s'étonner qu'on ait pu sérieusement écrire que nous sortions de la même souche que les singes ; qu'ils étaient nos cousins germains ou même nos grands parents. Les siècles, disent certains naturalistes, ayant perfectionné le singe, il s'est lentement métamorphosé en homme. Dans cette opinion, la métamorphose des formes se serait étendue à l'intelligence ; or, si l'une semble difficile, l'autre paraît absolument impossible.

La forme du singe ne lui a pas été donnée sans intention ; elle s'harmonise avec sa manière de vivre, qui est toute spéciale : c'est le seul mammifère de grande taille qui soit arboricole. Ses longs bras, ses longues jambes, ses pouces opposables, la souplesse de ses articulations, ce corps si agile et ces membres si flexibles, conviennent tout à fait à ses habitudes d'acrobate ; il court sans peine sur les arbres : on croirait que c'est pour lui qu'aurait été inventé le mot *gambader*. Forcez cet animal à marcher, et le voilà gêné comme le chien savant qui danse sur les pattes de derrière. Et ce serait de cet animal dont les idées sont aussi mobiles que les gestes, que nous pourrions dériver ! Que le gorille ait des pouces à peine opposables aux pieds de derrière, qu'il passe ses nuits à terre, qu'il marche moins mal que les autres quadrumanes, qu'il les dépasse en puissance musculaire et en stature ; ce ne sera pas pour nous une raison de croire que jamais il puisse devenir un homme, car ce qu'il a d'intelligence ne le distingue en rien des autres mammifères. Pour croire à cette descendance de l'homme par le singe, il faut sortir de toute vraisemblance ; supposer que la vie arboricole lui aura déplu ; que las de courir sur les arbres, il ait pu juger que le séjour de la plaine valait mieux, et qu'il fallait, quittant des habitudes justifiées par l'organisation, s'essayer à la marche, lui, ses petits et leur lignée. Cette résolution, suivie d'effet, aura rendu les pieds moins maladroits ; les pouces, dont le système musculaire se sera modifié, n'auront plus été opposables qu'aux mains ; les mollets et les muscles fessiers se seront prononcés davantage, afin de rendre la station verticale plus facile. La face aura pris le caractère et le calme de la physionomie humaine ; plus de nez aplati, plus de museau prognathe, plus de grimaces, plus de gambades !

Tout le reste s'en sera suivi, armes, abri contre les intempéries de l'air, provisions pour prévenir les disettes, langage sans lequel ne saurait être formé le lien de famille, moralité des actes, conscience, intelligence toujours en progrès ; et le singe, ainsi métamorphosé, après avoir changé le fruit pour la chair, sera devenu l'un des ancêtres de Newton, de Leibnitz et de Descartes. Ne croyons pas à de semblables merveilles ; rien n'a pu se passer ainsi. Les animaux ont leur lot et nous avons le nôtre ; ils resteront ce qu'ils sont et nous progresserons toujours. Quoique notre intelligence puisse se communiquer par l'éducation à nos animaux domestiques, ce n'est qu'un pâle reflet de la vive lumière qui nous éclaire, et l'individu ne peut en faire profiter l'espèce. L'épanouissement progressif de cette merveilleuse faculté nous sépare chaque jour davantage des animaux. Ils ne marchent pas, et nous marchons toujours. Le Juif errant personnifie l'humanité, elle ne doit plus s'arrêter. C'est là ce qui nous fait douter de la valeur absolue de l'axiome *Natura non facit saltus :* s'il est soutenable au point de vue de l'homme physique, il ne l'est plus s'il s'agit de l'homme moral. Mais si l'intelligence humaine a été refusée aux animaux, il ne faut pas croire qu'ils n'en aient pas une qui leur soit propre et qui n'est pas la même pour tous. Sans vouloir ouvrir une discussion sur l'âme des bêtes, âme qui serait aussi différente de la nôtre que leur intelligence diffère de notre intelligence, il faudra pourtant convenir qu'il y a chez les animaux des qualités immatérielles dont le pouvoir mystérieux règle les actes de la vie. Ils sont de ce côté aussi distincts les uns des autres que par le côté corporel. Admettre qu'ils changent, c'est supposer qu'ils changent aussi bien sous le rapport matériel que sous le rapport psychique. Outre que nous ne voyons pas bien la nécessité de ces changements d'état, nous refusons de croire qu'ils puissent agir sur l'intelligence et la rendre perfectible, de stationnaire qu'elle était. Or, c'est là ce qui arriverait si les animaux devenaient plus intelligents sous une forme plus parfaite. Nous attribuons à l'espèce une grande puissance de résistance à l'action du temps. Ce qu'elle produit se borne à des modifications légères qui n'atteignent pas le type dans son essence, et cette permanence d'état s'étend à l'homme pour le rendre immuable sous le rapport physique.

Que les êtres vivants aient entre eux des analogies, qu'ils forment une longue série qui unit les organismes simples aux organismes composés, personne ne pourrait le nier. Vus par un certain côté, ils sont donc analogiques. Pour être un animal, il faut pouvoir se déplacer à l'aide d'organes locomoteurs, avoir en soi les moyens de réparer les pertes quotidiennes qu'entraîne la vie ; il faut respirer, éprouver des sensations, se mettre en rapport avec des individus de son espèce pour reproduire sa race. Pour être plante, il faut absorber les liquides et les gaz, se les approprier en les décomposant ; recevoir l'influence de l'air et de la lumière, se laisser pénétrer par le calorique, se reproduire à l'aide de germes ; mais, malgré la diversité des formes, animaux et plantes devant naître, s'accroître, se reproduire et mourir, ne sauraient être complétement isolés, puisque tous ont des destinées communes et que tous parcourent les mêmes phases d'existence.

Dire de deux êtres organisés qu'ils vivent, c'est donc indiquer une parenté et constater des rapports d'organisation ; de sorte que par ce côté nous pouvons admettre comme rigoureusement vrai l'axiome : *Natura non facit saltus*, mais en le paraphrasant, et en disant que la nature, qui emploie toujours

les mêmes éléments pour donner la vie, ne varie que la forme :
si bien que deux êtres étant donnés, quelque séparés qu'ils
soient en apparence par la structure extérieure, il est permis
de décider qu'ils se ressemblent encore plus qu'ils ne diffèrent. Mais ces analogies fonctionnelles n'empêchent pas la
permanence du type spécifique. Ce qui va suivre est destiné
à le prouver, en montrant combien sont nombreux et variés
les caractères sur lesquels ce type est basé, caractères qui
déterminent les habitudes et la manière de vivre.

V. — Particularités de la vie des plantes et des animaux qui
semblent remonter a l'origine des espéces et les rendre
immuables.

§ 1. — Agents de locomotion.

La locomotion n'est pas seulement le pouvoir, mais aussi la
volonté de changer de place ; c'est dans l'exercice libre de
cette faculté, refusée aux plantes, que réside surtout la dignité
du règne animal. Il était indipensable qu'elle fût accordée aux
animaux, car elle est pour eux une condition d'existence. Les
deux principales nécessités de la vie, l'alimentation et la reproduction, ne pouvaient être satisfaites sur place. Il faut que
les aliments soient en rapport avec l'organisation de chaque
animal, et que le concours des deux sexes ait lieu pour opérer
le grand œuvre de la reproduction. Comment ces fonctions
conservatrices de l'individu et de l'espèce eussent-elles pu s'accomplir sans s'aider de la locomotion ? Les plantes se nourrissent et se multiplient sans quitter le sol où elles vivent attachées, aussi sont-elles hermaphrodites, et seulement par
exception unisexuelles. Les conditions dans lesquelles elles se
trouvent sont trop bien connues et les séparent trop complétement des animaux pour qu'il soit besoin de les exposer ici.
Tous les actes qu'elles accomplissent s'opèrent à leur insu sans
qu'elles y participent par la volonté, tandis que les animaux,
quoique poussés fatalement vers les actes qui soutiennent la vie

ou qui la perpétuent, ne les accomplissent pas sans que la volonté y ait une part, quelque légère qu'elle soit.

On peut trouver les extrêmes de la puissance locomotrice dans le vol de l'aigle qui fend les airs, et dans le mouvement très-restreint des mollusques attachés aux rochers, réduits uniquement à ouvrir et à fermer leur coquille.

Les agents à l'aide desquels les animaux se déplacent sont extrêmement nombreux ; les plus résistants, ceux qui agissent avec le plus de puissance, ont été attribués aux animaux terrestres, et nous en avons donné ailleurs les raisons : ils marchent, volent, rampent, grimpent et sautent. Les animaux aquatiques, qui n'ont pas besoin de varier autant le mode de locomotion, nagent et rampent, car on ne peut raisonnablement regarder comme vol l'élan que prennent certains poissons qui s'élancent hors de l'eau pour y retomber presque aussitôt.

Chacun de ces modes de locomotion résulte de modifications particulières du squelette, ou de la souplesse que peut acquérir, soit la colonne vertébrale, soit le corps tout entier des animaux articulés. Nous allons successivement les indiquer, et nous ferons voir que ce n'est pas au hasard qu'elles sont dues, puisqu'il en résulte des aptitudes et des facultés différentes. L'embranchement des vertébrés présente les plus considérables.

Parmi les mammifères, l'homme est le seul qui soit organisé pour la marche à station verticale, et son pied, le plus long et le plus large de tous, relativement à sa taille, la lui rend facile. On doit voir en lui un plantigrade, cependant il n'appuie sur le sol que le talon et l'extrémité interne du métatarse.

Pour la marche bipède et quadrupède, il faut que les articulations soient maintenues par des ligaments solides qui cèdent et résistent sans trop de roideur ou sans trop de mollesse. C'est là ce qui n'a pas lieu chez les quadrumanes. La souplesse excessive des articulations, avantageuse pour la vie arboricole, est défavorable pour la marche ; aussi doit-on dire qu'ils ne marchent pas, mais qu'ils gambadent. Le pouce qui est opposable aux mains de derrière rendrait seul la marche extrêmement difficile.

Les pieds de l'ours rivalisent en largeur et en longueur avec

ceux de l'homme, ce qui explique la facilité avec laquelle il se
tient debout ; mais cette large base de sustentation ne lui permet pas cependant de garder longtemps la station verticale,
c'est soutenu sur ses quatre pattes qu'il se déplace pour marcher et courir.

Les meilleurs marcheurs sont les digitigrades. Les carnassiers s'appuient sur quatre ou cinq doigts ; l'éléphant, sur trois ;
le cerf et le bœuf, sur deux ; le cheval sur un doigt unique : il
est monodactyle. Un assez grand nombre de carnassiers, à
doigts armés d'ongles crochus, sont grimpeurs. Tous les animaux marcheurs peuvent sauter : tels sont surtout les kangu-
roos, les gerboises, l'hélamys, le néotome de la Floride et le
gerboa. Le saut chez eux n'est pas le résultat de la volonté,
mais une nécessité de l'organisation. Les membres thoraci-
ques, les bras, ne sont pas en rapport de dimension avec les
membres postérieurs ; ces animaux, posés sur les quatre pattes,
ont le corps incliné en avant et la tête presque à niveau du
sol, ce qui rend la marche extrêmement difficile, aussi n'a-
t-elle lieu que dans l'état de calme ; aussitôt qu'ils redoutent un
danger, ils s'élancent, bondissent et disparaissent. Sont-ils en
repos, ils s'accroupissent et s'appuient sur leur queue, qui est
très-longue et très-robuste. Lorsque la nature a déshérité un
animal sur quelque point, elle l'en récompense sur un autre.

Les modifications les plus profondes que subissent les agents
de locomotion chez les mammifères sont celles qui, en leur
interdisant la marche, leur donnent le vol et la natation.

Une classe tout entière de mammifères, les chiroptères, a
des ailes formées de membranes attachées aux bras, aux avant-
bras et aux doigts, dont les phalanges ont une longueur extraordinaire ; elles s'étendent jusqu'aux membres inférieurs, auxquels elles vont s'attacher. On trouve parmi les marsupiaux
un exemple de cette organisation curieuse, le phalangier vo-
lant, et un autre parmi les rongeurs, le polatouche ; mais la
palme du vol, parmi les mammifères, appartient de droit aux
chiroptères.

Une élongation considérable des phalanges, qui pourtant ne
sont pas unies entre elles par des membranes, se remarque
chez l'aye-aye, animal frugivore de Madagascar. Il peut em-

brasser les troncs dans une grande portion de leur circonférence, et s'élever dans la cime, soutenu par ses longs doigts,
aussi haut qu'il le veut. Ici la longueur extraordinaire des phalanges supplée à l'absence d'ongles crochus dont les doigts de
l'animal sont dépourvus.

Il existe des mammifères nageurs et marcheurs : les castors,
la loutre, les hydromys, l'ornithorhynque et l'échidné; ils ont
les doigts palmés, et cette disposition sert à la natation sans
nuire à la marche. Les cétacés amphibies sont d'excellents
nageurs ; s'ils atterrissent, ils se traînent sur le sol sans chercher à s'éloigner du rivage. Ce ne sont pas seulement les doigts
qui sont modifiés chez ces animaux, mais le corps tout entier,
devenu pisciforme. L'organisation des cétacés marins est modifiée d'une manière encore plus profonde, quoiqu'elle tende au
même but.

Ce n'est point au hasard qu'ont été réglées les dimensions
des organes locomoteurs chez les mammifères. On sait pourquoi la girafe a des jambes si grandes, et pourquoi les gazelles,
les cerfs, les chevaux, en ont d'aussi déliées et d'aussi favorables à la course : sans elles, ces herbivores, créés sans armes,
ne pourraient échapper à la dent des grands carnassiers.
Les longs bras et les longues jambes des quadrumanes leur
permettent de saisir des branches, qui sans cela ne seraient
pas à leur portée ; aussi quand ils se déplacent, croirait-on
qu'ils courent. A ces moyens puissants de locomotion vient
s'ajouter une queue prenante pour les singes du nouveau continent.

Les oiseaux volent, nagent, courent, sautent et grimpent
comme les mammifères, mais leur organisation les destine surtout à se servir de leurs ailes. Les rapaces et les insectivores
ont la supériorité du vol ; les échassiers sont marcheurs, les
palmipèdes nageurs, et les grimpeurs méritent le nom sous
lequel on les désigne.

Les oiseaux ont quatre doigts : trois doigts en avant et un
en arrière, le pouce, ou deux en avant et deux en arrière, le
pouce et le doigt externe. Destinés presque tous à percher, il
fallait que les doigts fussent disposés sur deux plans, afin de
pouvoir, en se repliant, saisir la branche sur laquelle ils cher-

chent un appui. Il est digne de remarque que le doigt posté-
rieur ou pouce n'existe pas ou n'existe qu'à l'état rudimentaire
chez beaucoup d'échassiers ou de palmipèdes qui ne perchent
pas. Chez les oiseaux grimpeurs, le pied a deux doigts antérieurs et deux doigts postérieurs, afin d'équilibrer les forces qui
sont ainsi réparties également, soit que l'oiseau monte, soit
qu'il descende. Les doigts sont totalement unis par des membranes dans les vrais palmipèdes et incomplétement dans les
lobipèdes à doigts festonnés. Les tarses, en général assez courts
chez les oiseaux nageurs, sont de médiocre longueur chez les
oiseaux de proie, ainsi que chez les passereaux, et gigantesques
chez un grand nombre d'échassiers.

Les ongles sont des instruments de préhension ou de défense
donnés aux oiseaux et aux carnassiers ; ce n'est donc pas ici le
lieu d'en parler. Nous ne dirons rien non plus des particularités d'organisation de l'aile plumeuse ; il devra suffire au sujet
que nous traitons, de faire remarquer que plus elle est étendue,
plus le vol est rapide et soutenu. Les rapaces et les insectivores,
qui fendent l'air avec une vitesse que rien n'égale, sont, sous
ce rapport, les mieux doués de tous. Beaucoup d'oiseaux volent
pour le seul plaisir de voler ; c'est une sorte de gymnastique
qui leur plaît. Les échassiers et les palmipèdes, sauf la fré-
gate et quelques oiseaux totipalmes, quoique très-capables de
soutenir un vol prolongé, ne volent que pour changer de climat
et pour trouver une nourriture plus abondante. Quelques oiseaux lourds ne se servent de leurs ailes que pour s'aider dans
la course : tels sont l'autruche et le nandou.

Le nom donné aux reptiles indique leur genre de locomotion ; beaucoup en effet rampent, mais non tous, à beaucoup
près. Les ophidiens sont, sous ce rapport, les véritables reptiles. On reconnaît les tortues amphibies à la conformation de
leurs pieds ; elles nagent avec la plus grande facilité, tandis
qu'à terre elles ont une allure lente qui est passée en pro-
verbe. Les petits sauriens courent très-vite, même sur les pans
presque perpendiculaires des rochers, et cependant d'une manière sinueuse, comme s'ils rampaient ; les grands sauriens
courent aussi, mais en ligne droite, ce qui permet de les
éviter. Parmi les animaux qui composent cet ordre, se trou-

vent quelques espèces organisées pour voler, mais d'un vol lourd et peu soutenu : tels sont le dragon frangé et le dragon de Java. La reptation des serpents, quelle que rapide qu'elle soit parfois, ne saurait égaler en vitesse la course des mammifères. Certaines espèces glissent sur l'eau avec une merveilleuse facilité.

Les batraciens nagent et marchent d'une manière pénible, en traînant lourdement le ventre, à peine soutenu par des pattes mal articulées.

Si l'aile a été donnée pour le vol, les nageoires l'ont été pour la natation : il n'en est pas de plus parfaites que celles des poissons. Elles résultent de l'allongement et de l'écartement des phalanges, que des membranes unissent entre elles. Les nageoires pectorales sont des bras, les ventrales des jambes. La colonne vertébrale, dans une partie de son étendue, fournit des apophyses qui s'élèvent sur le dos comme de longues crêtes et constituent la nageoire dorsale, tandis que l'extrémité de cette même colonne, épanouie en éventail, forme la nageoire caudale, principal agent de déplacement. A tout cet appareil viennent s'ajouter souvent une nageoire anale et une vessie natatoire, laquelle, par pression, diminue ou augmente le poids de l'animal ; s'il l'a dilate, il monte, et descend s'il l'a contracte. Quelques poissons privés de cette vessie natatoire peuvent introduire à volonté de l'air par l'anus. C'est une manière de suppléer à l'absence de l'appareil hydrostatique qui leur manque et que possèdent les autres. Dans les dactyloptères ou poissons volants, les nageoires pectorales deviennent de véritables ailes qui soutiennent en l'air ces singuliers poissons aussi longtemps qu'elles conservent leur humidité. On sait que les poissons qui vivent en haute mer ont les nageoires beaucoup plus robustes que celles des poissons de rivage. Les poissons qui en sont entièrement privés, ou qui n'en ont que de rudimentaires, les lamproies et les anguilles, se déplacent par une sorte de reptation.

Que dirons-nous de la locomotion des mollusques ? Les espèces terrestres rampent, et, en rampant, peuvent s'élever jusqu'au sommet des arbres, favorisés par la matière visqueuse qui englue leur corps et qui les soutient. Les espèces aquatiques sont aussi très-souvent rampantes ; quand elles nagent, et c'est le plus petit nombre, elles ont pour appareil de natation des lobes attachés à leur pied abdominal, ou des nageoires placées aux deux côtés de la bouche, en manière d'ailes. Les céphalopodes ont pour se déplacer un tube locomoteur hydro-statique.

Les insectes sont peut-être, de tous les animaux, ceux chez lesquels la locomotion est le plus variée. Ils ont six pattes pour la marche, deux ou quatre ailes pour le vol, des pattes dispo-sées en rames ou en nageoires pour la natation. Les appareils qui leur facilitent le saut agissent avec une puissance si grande, qu'ils peuvent faire franchir aux insectes qui les pos-sèdent jusqu'à deux cents fois la longueur totale de leur corps. Les orthoptères marchent et sautent, les diptères peuvent in-définiment soutenir le vol.

L'ampleur des ailes est toujours en rapport avec la grosseur de l'insecte. Généralement la délicatesse des formes appartient aux diptères ; les coléoptères sont surtout bizarres. Certains in-sectes peuvent marcher sur les plafonds, soutenus uniquement par leurs pattes dont les tarses sont garnis de crochets et de ventouses.

Les crustacés nagent et marchent, et c'est en conséquence de ce mode de locomotion qu'ils sont organisés. Les arachnides marchent, portés sur des pattes, si longues chez certaines es-pèces, qu'elles en sont gênées. Les annélides rampent ou na-gent, suivant qu'ils sont aquatiques ou terrestres. Le mode de locomotion des sangsues, hors de l'eau, peut être comparé au trajet qu'exécuterait un compas ouvert sur le papier, dont on ferait alternativement marcher les pointes, représentées par les deux extrémités du corps de l'animal. Les rayonnés nagent ou rampent. Les acalèphes hydrostatiques siphonophores se déplacent au moyen de vessies aériennes, qu'ils ont la faculté de remplir ou de vider d'air. Suivant qu'elles se vident ou qu'elles se remplissent, la densité de l'animal est changée, et il peut descendre au fond de l'eau ou remonter à la surface. Les grands mollusques et les polypes ont des tentacules pour agents de locomotion.

Qui ne serait frappé des modifications nombreuses que pré-

sentent les agents auxquels les animaux doivent la faculté de
se déplacer, et qui ne se verra forcé de conclure qu'elles remontent pour chacun d'eux à l'origine de la création, puisque
c'est de leur seule permanence que résulte leur manière d'être.
Si la sélection naturelle opérait ainsi qu'on le prétend, elle
agirait en sens contraire des lois naturelles.

A bien voir, il n'y a que quatre modes de locomotion : la
marche, le vol, la natation et la reptation. Le saut n'appartient exclusivement à aucun animal, et vient s'ajouter à la
marche comme moyen de salut ; la course elle-même n'est
qu'une marche accélérée ; grimper, c'est marcher, et tout animal qui grimpe peut en outre marcher, sauter, voler ou
ramper.

La marche appartient surtout aux mammifères, le vol aux
oiseaux, la natation aux poissons, la reptation aux reptiles et
aux annélides.

Le mammifère, pour être dans les conditions les plus parfaites de son organisation, doit être terrestre et marcheur. Or
donc, le castor, l'hippopotame, les phoques, qui vivent dans
l'eau et sur la terre, non-seulement ne sont pas plus parfaits
que les autres, mais au contraire ils le sont moins. Ainsi
donc, s'il fallait les ranger à la suite des mammifères terrestres d'après leur degré de perfection apparente, ils devraient
être ainsi énumérés : hippopotame, amphibies, cétacés. Et en
effet ceux qui présentent les modifications les plus profondes
et qui s'éloignent le plus du vrai type mammifère, sont les
cétacés et les amphibies au corps pisciforme, les marsupiaux
à double parturition, les ornithorhynques et les échidnés aux
pieds palmés, ayant un bec au lieu de mâchoires.

Le vol a pour agent l'aile plumeuse ; les oiseaux, parmi les
vertébrés, en sont seuls pourvus. Ainsi, plus l'aile sera capable
de servir le vol, plus l'oiseau sera oiseau. Les nageurs, qui
n'appartiennent au domaine de l'air que par intervalles ; l'autruche, le castor, le nandou, qui courent et ne volent pas ; les
pingouins, le manchot, avec leurs ailes impuissantes à quitter
le rivage ; l'aptéryx, qui n'a point d'ailes du tout, sont des oiseaux moins parfaits que les autres. Voilà pourquoi les rapaces
et les insectivores doivent être placés en tête de la série.

La natation demande la vie aquatique et des nageoires ; autrement, nager et ramper sont une seule et même chose. Il faut des nageoires pectorales, ventrales et caudales. En dépit des caractères qui les unissent aux autres espèces à corps cylindroïde, ceux auxquels manquent des nageoires ou qui n'en ont que de petites, s'éloignent du type poisson pour se rapprocher du type reptile.

La reptation chez les vertébrés n'appartient en réalité qu'aux ophidiens, animaux terrestres totalement privés de membres. Les tortues, les sauriens et les batraciens peuvent marcher ; leur allure tient tout à la fois de la reptation et de la marche, sans être précisément l'une et l'autre. La reptation des poissons cylindroïdes ne diffère de la reptation terrestre que par la nature des milieux où elle s'opère.

La reptation des animaux articulés n'a pas lieu d'après le même système que celui d'après lequel rampent les ophidiens : chez les reptiles, c'est une simple flexion des vertèbres ; chez les annélides, une contraction et une élongation alternatives des pièces qui constituent le squelette extérieur.

Les insectes sont évidemment destinés au vol ; ceux qui n'ont pas d'ailes s'écartent du type général. Il est facile de comprendre que les aptères, par exemple, étant privés des appareils locomoteurs dont sont doués les autres ordres, se trouvent dans des conditions évidentes d'infériorité. De même que la supériorité du vol place les oiseaux en première ligne parmi les oiseaux, de même les insectes qui volent le mieux doivent être mis au premier rang parmi les insectes : ainsi les hyménoptères et les diptères viennent avant les coléoptères, ceux-ci avant les névroptères et les hémiptères, qui sont les derniers de la série sous le rapport de la perfection du vol.

Mais ce ne sont pas là des imperfections, ce ne sont que des nuances. Tout ce qui dure par une reproduction continuée pendant des siècles a ses raisons d'être, et bien audacieux serait celui qui déciderait que ces légères déviations au plan général sont destinées, dans la suite des temps, à disparaître. Un caractère de durée indéfinie semble empreint sur tout ce qui existe, et la nature ne saurait procéder par des retouches, comme le peintre qui termine un tableau, ou comme l'écrivain qui fait un errata après avoir relu son livre.

§ 2. — *Vie nocturne.*

On donne le nom de vie nocturne à cette manière particulière de vivre qui donne l'activité pendant la nuit et le repos pendant le jour. Les deux règnes en fournissent des exemples nombreux; mais ils sont bien plus saisissants chez les animaux que chez les plantes.

I. — De la vie nocturne chez les plantes.

Les plantes soumises à la vie nocturne revêtent une physionomie particulière. On a donné à leurs fleurs l'épithète de *tristes*, à cause des teintes de la corolle, qui sont ternes. Ces fleurs, inodores pendant le jour, dégagent leurs parfums la nuit, et, quelle que soit la famille à laquelle elles appartiennent, ce parfum, très-suave et analogue à la vanille, est toujours le même pour toutes. Chez les plantes nocturnes, la fécondation s'opère la nuit, ce qui ne leur est pas exclusif.

Il existe aussi des fleurs crépusculaires : la belle-de-nuit, le *Convolvulus tricolor*, en sont des exemples remarquables. Même parmi les fleurs qui ne sont ni nocturnes ni crépusculaires, il en est un bon nombre qui ne sont odorantes que quand le soleil est sous l'horizon; l'air, plus chargé d'humidité le soir et la nuit que le jour, empêche la diffusion trop rapide des effluves aromatiques, et l'abaissement de la température concourt au même résultat. La chaleur, si elle est trop vive, fait perdre à la plante plus qu'elle ne gagne, et la vie n'a plus la même activité.

Sans avoir un sommeil comparable à celui des animaux, l'absence de la lumière impressionne les plantes d'une manière très-marquée. Chez beaucoup d'entre elles, le pétiole de la feuille s'élève ou s'abaisse; les folioles se dressent et s'appliquent les unes contre les autres, tantôt par la lame supérieure, tantôt par la lame inférieure. Le pédoncule de la fleur se comporte comme le pétiole, et les enveloppes florales, calice et corolle, comme les feuilles, d'une manière même plus marquée, en raison de la délicatesse des tissus et de la facilité avec laquelle ils sont impressionnés par les grands excitateurs de la vie. Toutefois, en exécutant ces mouvements, les plantes obéissent à des lois physiologiques qui sont en elles sans que leur structure extérieure puisse en donner l'explication ; seulement, on comprend, en voyant certaines de leurs parties articulées, qu'elles sont destinées à se mouvoir, et d'une manière d'autant plus marquée, que les articulations sont plus nombreuses et mieux conformées.

Aller plus loin sur ce terrain serait sortir de notre sujet. Nous nous bornerons à faire remarquer que les plantes diurnes, les plantes nocturnes et les plantes crépusculaires forment trois catégories ou groupes distincts qui ne sauraient procéder les uns des autres par sélection naturelle ou artificielle, les propriétés physiologiques ayant une fixité, une persistance, une ténacité qui dépasse infiniment tout ce qu'on peut attendre de la stabilité des formes spécifiques extérieures.

II. — De la vie nocturne chez les animaux.

Les animaux soumis aux habitudes nocturnes se font reconnaître à certaines particularités organiques qui en expliquent la nécessité : telle est, entre autres, l'impossibilité de supporter la lumière. L'œil a donc été modifié ; mais il est pour eux des compensations sans lesquelles ils n'auraient pu se perpétuer. C'est ce que nous allons faire voir en passant en revue les divers embranchements du règne animal et leurs subdivisions, dans lesquels se trouvent des animaux nocturnes.

Il existe des singes nocturnes qui dorment le jour et veillent la nuit. Cette circonstance explique comment il se fait que les habitudes des nyctipithèques et des nycticèbes soient si peu connues. Ce ne sont pas des singes anthropomorphes, qui tous, comme l'homme, sont diurnes, mais de simples quadrumanes, ordre qu'il est permis de regarder comme peu naturel, tant leurs formes sont variées et différentes des nôtres. Chez les singes nocturnes, la conformation des yeux varie, et la pupille n'est pas toujours linéaire; mais, quelle qu'elle soit, l'œil ne peut supporter la lumière. Les chirogales et les loris sont dans ce cas. Les singes diurnes, comme certains oiseaux, semblent redoubler d'activité le soir, et ils saluent le coucher du soleil par une pétulance plus grande et des cris plus perçants.

Les chiroptères, sauf très-peu d'exceptions, sont nocturnes; aucun de ceux de l'ancien continent n'est diurne. Ils volent très-vite, et, pour compenser le peu d'ampleur des poumons, ils ont des ailes membraneuses bien plus étendues que celles des oiseaux, dont les poumons pénètrent jusque dans les os. Les chiroptères fendent l'air sans qu'on puisse les entendre, et, protégés par la rapidité de leur vol, ils chassent aux insectes avec autant d'impunité que de profit. Ces singuliers animaux, isolés de tous les autres par l'organisation et par les habitudes, ont cependant en commun avec les singes des mamelles pectorales. Parmi les mammifères nocturnes insectivores, se trouve le fourmilier tamanoir. Le loup, les blaireaux, les martres, le renard, les fouines, les belettes, les rats, ne sont nocturnes que par nécessité ; ils redoutent l'homme et ne se montrent que la nuit. Les véritables carnassiers nocturnes se trouvent parmi les digitigrades à pupille très-étroite et très-contractile. Le yagouaroundi, le jaguar, l'hyène, le tigre, le lion, en un mot tous les chats, sont dans ce cas.

La domesticité a modifié les habitudes de notre chat domestique : diurne par éducation, il est nocturne par organisation. La nuit, il se livre à la chasse et révèle par ses cris formidables l'ardeur de ses amours; le jour, il est dormeur.

Les amphibies sont diurnes, ainsi que les cétacés, les ruminants, les pachydermes à trompe et les chevaux. Ainsi, quoique d'une manière inégale, les mammifères se partagent en diurnes et en nocturnes, avec des traits d'organisation et des habitudes différentes.

La vie nocturne s'accompagne d'une marche rapide et légère chez les mammifères, d'un vol silencieux chez les oiseaux, et chez les uns et les autres d'un œil dont la pupille, facilement dilatable, puisse rassembler les moindres rayons lumineux. C'est là ce qui fait différer les yeux nocturnes des yeux diurnes ; il faut très-peu de lumière aux uns et beaucoup de lumière aux autres, mais elle est nécessaire dans les deux catégories. Si l'obscurité était absolue, les yeux, quelle que fût leur conformation, ne sauraient rien voir.

Ce qui vient d'être dit des mammifères, relativement à leur manière de vivre, s'étend aux oiseaux : il en existe aussi de diurnes, de crépusculaires et de nocturnes. Les nocturnes sont presque exclusivement des rapaces. Dans la saison des amours, plusieurs oiseaux chantent près de leur couvée sans être pour cela véritablement nocturnes. C'est pour chasser que les rapaces ont été modifiés dans leurs plumes, qui sont duveteuses, molles et très-amples, et dans leurs yeux, qui sont énormes et doués d'une pupille presque linéaire à l'état de contraction : on croirait voir un œil de chat enchâssé dans une tête d'oiseau. Ils volent en silence, et leur vue perce à travers le feuillage. Quand ils rasent la terre, malgré la rapidité de leur vol, aucune proie ne leur échappe. L'apparition de ces tristes oiseaux est si inopinée, qu'elle glace d'effroi ceux devant lesquels ils apparaissent à l'improviste. Les hiboux, les chouettes, les chats-huants, ne vivent que la nuit, et la lumière les importune.

Les reptiles sont tous diurnes quant à l'organisation ; en général ils ont besoin de la lumière solaire pour jouir de toute leur activité. Les serpents chassent aux nids et aux oiseaux pendant la nuit. Ils agissent ainsi pour avoir plus d'impunité, et n'appartiennent pas pour cela à la vie nocturne.

La vie des poissons, étant une chasse perpétuelle, n'a toute sa plénitude d'action que pendant le jour ; cependant ils n'éprouvent pas tous un égal besoin de lumière. Les uns la cherchent à la surface de l'eau, les autres la fuient jusque dans les couches profondes ; quelques-uns même se cachent dans la vase : tels sont les poissons serpentiformes. Il ne paraît pas que ces tendances soient justifiées par des modifications organiques. Les grands nageurs sont les plus disposés à se mettre en rapport avec la lumière ; ceux qui nagent moins bien ou qui ne se déplacent que par reptation sont dans des conditions opposées : les premiers sont véritablement aquatiques, les seconds se rapprochent davantage des animaux terrestres. Aussi en est-il quelques-uns qui peuvent vivre dans les herbes humides pendant un temps assez long.

Beaucoup de mollusques ont des habitudes nocturnes sans présenter rien de particulier dans leur organisation. Ils sont donc tous diurnes; mais c'est la nuit surtout qu'ils se repaissent. Pour ces animaux apathiques, la nuit, du reste, et le jour diffèrent bien peu.

Les crustacés et les annélides ne donnent lieu à aucune considération qui se rapporte au sujet que nous traitons. Parmi les arachnides, le sarcopte de la gale est évidemment nocturne. Quant aux insectes, ils présentent, comme les mammifères et les oiseaux, tous les genres de vie.

Il en est donc de diurnes, de crépusculaires et de nocturnes, les uns à yeux lisses, les autres à yeux à facettes. Rien dans leur organisation ne semble trahir leurs habitudes, rien ne paraît les expliquer. Parmi les hémiptères nocturnes, se trouve la punaise domestique, à ailes rudimentaires. Beaucoup d'espèces de coléoptères ont une vie nocturne. Les orthoptères sont diurnes, ainsi que les névroptères et les hyménoptères. Parmi les lépidoptères, les papillons proprement dits sont diurnes; les phalènes, nocturnes; les sphinx, crépusculaires. Les cousins, qui font exception parmi les diptères, sont tout à la fois diurnes et nocturnes. Le reste du règne animal ne donne lieu à aucune remarque qui se rattache à notre sujet.

Et maintenant voici ce qu'il faut conclure de ce qui vient d'être dit. Les animaux et les plantes se partagent, par la manière dont agit sur eux la lumière, en deux grandes catégories : les diurnes et les nocturnes, les uns héliophiles, les autres héliophobes. Dans les premiers entrent de droit les crépusculaires, qui n'apparaissent ou ne fleurissent qu'après le coucher du soleil.

On peut facilement comprendre qu'un animal diurne puisse veiller la nuit et se mettre en chasse s'il a faim; mais on ne comprendra plus qu'un animal nocturne puisse devenir diurne, quelque besoin qu'il en eût, puisque son œil ne peut supporter la lumière. Tous les yeux s'accommodent de la nuit, sauf à voir peu, mais non du jour, quand l'organisation s'y oppose. Lorsqu'une faculté physiologique fait défaut et que l'organe du sens qui en donne la jouissance la refuse, cette lacune ne peut être comblée ni par la sélection naturelle ni par la sélection artificielle. Ce qui tient à l'essence même de la vie est immuable, ne craignons pas de le redire.

La nature vivante ne se repose jamais. Lorsque l'activité diurne cesse, l'activité nocturne commence. A peine le soleil a-t-il disparu sous l'horizon que les chiroptères, ces hirondelles de la nuit, prennent leur vol et chassent aux insectes. Peu après le cri des chouettes se fait entendre, et les mulots, ainsi que les petits oiseaux, ceux qui perchent bas, tombent sous le tranchant de leur bec. Les fouines, les belettes, les martres, s'approchent de nos poulaillers; les serpents glissent sur les herbes et s'élèvent sur les arbres pour s'emparer des couveuses et de leurs petits. Les gros coléoptères, les insectes suceurs, les mollusques avec ou sans coquilles, s'attaquent aux plantes et aux animaux. Cet immense repas ne s'interrompt que dans l'intérêt de la reproduction; c'est alors que les animaux s'accouplent et que les plantes se fécondent. Beaucoup de victimes ont péri; mais le jour vient qui répare les pertes de la nuit. Maintenir l'équilibre numérique des êtres vivants, garder à tous une place, quoiqu'elle soit toujours menacée, tel est le but de la nature.

A peine l'aube a-t-elle jeté ses lueurs incertaines sur la terre que l'on voit disparaître les déprédateurs nocturnes. C'est par des chants d'oiseaux, c'est-à-dire par des concerts, que prélude la vie diurne; sans doute, les luttes recommenceront. mais du moins il y aura plus de loyauté dans l'attaque et plus d'énergie dans la défense (1).

§ 3. — *Sommeil.*

Le sommeil est aussi nécessaire à la vie que l'alimentation;

(1) Les animaux nocturnes, mammifères et oiseaux, courent bien moins de dangers que les diurnes; mais ils sont bien moins nombreux, et en général pullulent bien moins.

peut-être même ce besoin est-il encore plus impérieux et peut-on supporter moins longtemps cette privation.

Dans la veille, la vie est tout action ; la puissance nerveuse, comme toutes les forces, s'épuise, et le repos devient nécessaire. Ce repos, c'est le sommeil, une sorte de mort avec résurrection de chaque jour. L'animal endormi oublie jusqu'au soin de sa propre conservation. L'œil ne voit plus, l'oreille n'entend rien, les muscles sont détendus, et chez l'homme le cerveau n'a plus que des idées confuses. Lorsque cet état a duré plus ou moins, suivant les diverses espèces d'animaux, le réveil arrive, et les forces sont réparées jusqu'à nouvel épuisement et nouveau sommeil.

Nous n'avons à considérer le sommeil que chez les mammifères et les oiseaux, non que les reptiles et les poissons ne dorment pas, mais parce que le sommeil ne donne lieu chez eux à aucune particularité digne d'être notée. Les serpents se roulent en cercle, et, comme ils n'ont point de paupière, ils cachent leur tête dans un repli de leur corps ; les tortues se contentent de rentrer la leur dans la carapace. Même pendant le repos des nuits, les poissons nageurs ne sont pas absolument immobiles, et leurs nageoires les maintiennent en équilibre. Pour tout le reste des animaux, mollusques, insectes et rayonnés, le sommeil n'est autre chose que l'immobilité.

Nous avons parlé des animaux diurnes et des animaux nocturnes, c'était dire implicitement qu'il existe un sommeil de jour et un sommeil de nuit. On peut reconnaître aussi deux genres de sommeil quant à la durée : le sommeil intermittent ou à courte période, et le sommeil continu ou de longue durée. Le premier est celui auquel les animaux se livrent quotidiennement ; le second, qui dure plusieurs mois, est une sorte de torpeur ou d'engourdissement qui a fait donner aux animaux chez lesquels on l'observe l'épithète d'*hibernants*. L'hibernance est inconnue chez les oiseaux, rare chez les mammifères, et presque universelle chez les reptiles, surtout dans les climats froids ou même tempérés.

Pour goûter ce long repos, les mammifères se blottissent, roulés en boule, dans des trous, avec quelques provisions. Tous ceux qui cèdent à ce genre de sommeil sont frugivores. Une

seule exception peut être signalée, elle concerne les chiroptères, qui s'accrochent par les pieds de derrière et demeurent
immobiles, la tête en bas, pendant de longs mois. Les reptiles
dans l'hibernance se cachent dans la vase ; les mollusques se
réfugient dans des trous, et ceux qui ont une coquille sécrètent
une matière calcaire qui en ferme exactement l'ouverture.

Les insectes qui prolongent leur vie au delà d'une année
cherchent aussi des retraites pour l'hibernance ; ils s'engour-
dissent et sont incapables de voler ou même de marcher.

Les causes de ce sommeil d'hiver s'expliquent par l'abaissement de la température, qui ralentit la circulation et ne laisse
plus à l'animal qu'une vie privée de toute énergie. La nature,
en faisant des animaux frugivores et granivores, a dû leur
donner l'instinct des approvisionnements; mais, comme les
fruits ou les graines qu'ils accumulent sont insuffisants pour
les nourrir, elle a voulu qu'ils fussent dormeurs. Si les organes locomoteurs des oiseaux, principalement les insectivores, n'avaient pu les transporter des régions froides dans les
régions chaudes, il aurait fallu, pour se perpétuer, qu'ils
fussent hibernants.

Lorsque la chaleur de l'été a desséché, sous les tropiques,
rivières et marais, les grands reptiles, notamment les caïmans,
restent enterrés dans la vase et deviennent torpides. On peut
les tuer impunément pendant ce sommeil forcé. Beaucoup
d'animaux condamnés à de longues diètes se livrent au sommeil pour tromper la faim. La même chose arrive, dit-on,
aux Boschimens, cette race d'hommes abrutie et dégradée ;
mais l'emploi de ce moyen n'est, bien entendu, que temporaire.

Les plantes vivaces, par leurs bulbes et leurs tubercules, et
les arbres, par leurs bourgeons aériens, sont essentiellement
hibernants. Dans le désert de Bahia, au Brésil, où se trouvent
des arbres à feuilles caduques, celles-ci ne se développent que
s'il pleut. Or, il se passe quelquefois deux ou même trois ans
sans qu'une goutte d'eau tombe du ciel, et aussi longtemps
que dure cette sécheresse, les bourgeons qui ne s'ouvrent pas
se comportent comme s'ils étaient à l'état d'hibernance.

Le sommeil quotidien, étudié chez les mammifères et chez

les oiseaux, donne lieu à quelques remarques intéressantes.

Le premier acte du sommeil, chez la plupart des animaux, est une sorte de fatigue de l'œil, qui ne peut plus supporter la lumière. Les yeux se ferment, et le sens dont ils sont l'organe se repose. Pourtant il est des mammifères ruminants, pachydermes et rongeurs, dont l'œil reste ouvert pendant le sommeil; cependant il est naturel d'admettre que la perception des objets n'a plus lieu, et cette particularité ne doit pas nous surprendre, puisque l'oreille, quoique toujours ouverte, cesse à son tour dans le sommeil de percevoir les sons. Mais, comme le sens de l'ouïe est la principale sauvegarde de l'animal, tout bruit qui s'ajoute aux bruits auxquels l'oreille est habituée provoque le réveil. La plupart des mammifères se couchent pour dormir; les proboscidiens dorment debout, et très-souvent même les chevaux. Les quadrumanes, qui tomberaient en s'endormant, rapprochent les branches des arbres, les entrelacent, et cette hutte toute primitive leur fait trouver partout un point d'appui. Parmi eux, il en est qui se couchent, et d'autres qui restent assis, principalement les espèces à fesses calleuses. Les amphibies ne dorment qu'à terre; les cétacés s'élèvent à la surface de l'eau, qui les berce doucement. Beaucoup de rongeurs dorment dans des nids d'herbes et de mousses, entre autres ceux qui ont des terriers. La position que prennent les mammifères quand ils s'endorment n'a rien qui soit déterminé par l'organisation, à l'exception des chiroptères, suspendus par un doigt courbé en crochet qui se détache des ailes.

Les oiseaux offrent plus de variété dans la position qu'ils prennent pendant le sommeil. On peut, sous ce rapport, les diviser en percheurs et en non percheurs; les uns passent les nuits sur les arbres, les autres à terre, debout sur leurs pattes ou couchés sur le ventre, les ailes repliées dans la position des couveuses.

Les oiseaux percheurs, soit dans la veille, soit dans le sommeil, peuvent se tenir sur les branches les plus faibles sans tomber; un muscle de la cuisse, dont le tendon passe pardessus le genou, s'étend jusque sur les doigts et les rapproche du tarse. L'action de ce muscle est d'autant plus énergique

que le genou se plie davantage. Il suffit que le corps pèse sur
les jambes pour que les doigts embrassent fortement la branche
qui sert à percher. Ce mécanisme, aussi simple que merveilleux, n'agit pas sur les oiseaux qui dorment à terre, et si chez
eux ce muscle existe, il n'est qu'à l'état rudimentaire.

Les échassiers, cinquième ordre des oiseaux, renferment
des genres assez disparates. Il s'en trouve bon nombre qui ont
la singulière faculté de se tenir debout le jour pendant des
heures entières, et toute la nuit durant le sommeil. Cette station
est pour eux du repos. Voici ce qui la rend possible : une petite rainure reçoit le condyle externe du fémur, et un liga-
ment latéral, qui se déplace par le poids seul de l'oiseau, maintient la jambe immobile et inflexible aussi longtemps que
l'animal ne se déplace pas. On compare la manière dont les
os de la jambe se replient sur le fémur au jeu de la lame et
du manche d'un couteau à ressort, ou à la manière dont agit
l'S d'un cabriolet destinée à le tenir ouvert ou fermé.

Parmi les oiseaux percheurs, se trouvent les calaos et les
toucans, qui, pour trouver le sommeil, s'affaissent sur eux-
mêmes, étendent leur bec devant eux, ou bien le rejettent sur
le dos pour mieux en supporter le poids.

Beaucoup d'oiseaux, surtout les passereaux, les gallinacés,
les palmipèdes, dorment la tête sous l'aile, le bec plus ou
moins tourné vers la queue. Quelques oiseaux à plumage
abondant infléchissent leur cou et cachent leur tête dans les
plumes de la gorge. Ces diverses manœuvres ont pour but
de mettre l'œil à l'abri de la lumière, et de préserver la tête de
l'action du vent et du froid extérieur.

On voit, par ce qui vient d'être dit, que, pour le sommeil, de
même que pour toutes les autres fonctions animales, il existe des
particularités d'organisation qui donnent certaines aptitudes ou
qui les refusent : telles sont celles qui permettent de rester à l'état
de suspension, la tête en bas, pour un temps plus ou moins
long, comme les chauves-souris ; de pouvoir se maintenir sans
tomber sur les branches pendant le sommeil, comme les
oiseaux percheurs, ou de rester debout, immobile, sans fatigue, comme un très-grand nombre d'échassiers. Ces particularités, et nous sommes loin d'indiquer toutes celles qui se

rattachent au sommeil, viennent de plus en plus démontrer la difficulté matérielle qui s'oppose à la mutation des espèces, bien plus stables qu'on ne voudrait le croire. Ce qui va suivre en fournira d'autres preuves non moins convaincantes.

§ 4. — *Nutrition.*

Deux nécessités de la vie organique, la nutrition et la reproduction, se partagent, quoique d'une manière inégale, la durée de l'existence fonctionnelle des êtres vivants. Ils se nourrissent dès leur naissance, tandis que, pour se reproduire, il faut que les organes y soient préparés, et cette époque, que suit de près le terme de l'accroissement, est une sorte de crise qui souvent est le terme de la vie : une foule d'insectes et de plantes en fournissent des exemples.

Chez les animaux, les principales fonctions sont localisées ; chez les plantes, les seuls organes reproducteurs ont un siége spécial. Elles se nourrissent par toute leur surface, — qui est absorbante, — de gaz et de matières solubles dans l'eau. Fixées au sol, elles ne peuvent aller à la recherche des aliments destinés à les accroître ; aussi en sont-elles de toutes parts entourées, aussi bien à l'air libre que dans le sein de la terre. C'est passivement qu'elles se nourrissent, sans nul effort et sans connaître la satiété. Les animaux, au contraire, libres dans leurs mouvements, doués d'organes spéciaux pour la préhension des aliments et la manducation, sont constamment occupés du soin de se nourrir. Tandis que les plantes veulent des gaz et de l'eau presque pure, les animaux ne s'approprient que des corps solides ou mous, et des liquides saturés de molécules assimilables.

Quoique les plantes se nourrissent toutes en apparence de la même manière, la spécificité n'en existe pas moins dans les résultats. L'assimilation est tellement distincte, que toutes ont une constitution différente et que les principes immédiats varient à l'infini. Les genres *Cinchona, Cephælis, Papaver, Veratrum, Aloe, Fucus,* sont aussi bien caractérisés par la quinine, la cinchonine, l'émétine, la morphine, la vératrine, l'aloès, l'iode, que par les caractères purement botaniques; la métamorphose des formes en devient donc plus difficile.

Chez les animaux, les agents qui favorisent la nutrition sont appropriés merveilleusement à la nature des aliments, et ces aliments s'étendent à la nature organique tout entière : corps vivants et corps privés de vie, lait, œufs, chairs, os, feuilles, bourgeons, bois, fleurs, fruits, semences, fécule, sucre, tout est mis à profit, et la variété des mets est en rapport avec la prodigieuse étendue de la table et le nombre presque infini des convives. Mais pour utiliser ces substances, si différentes de nature, il fallait des instruments qui le permissent, et c'est là ce qui fait de la plupart des espèces des créations distinctes. Le rapport qui existe entre les aliments et les animaux qui se les approprient est si parfait, qu'il est permis de croire qu'ils sont de temps immémorial une conséquence les uns des autres, et que la création n'a tant diversifié la nature des aliments que pour diversifier en même temps la forme des êtres auxquels ils étaient destinés. La grande variété de produits explique la grande variété des appareils qui devaient les utiliser. Non-seulement la bouche a été modifiée dans toutes ses parties, mais l'appareil digestif tout entier a dû subir des modifications profondes.

Il fut un temps, assez court peut-être, où il n'y eut sur la terre que des herbivores : c'était l'âge d'or de la nature organique; mais les animaux fussent devenus trop nombreux, et, pour mettre des bornes à cette multiplication exagérée, les carnassiers furent créés.

On trouve des herbivores parmi les mammifères, les mollusques et les insectes, plus rarement parmi les crustacés, et très-exceptionnellement parmi les oiseaux, les poissons et les chéloniens. Les mammifères herbivores sont caractérisés par des dents molaires à surface large, marquée de deux doubles croissants, par un estomac simple ou multiple, et par des intestins fort longs. S'ils sont polygastres, ils ruminent; quelques-uns vivent de racines et même de bulbes qu'ils déterrent avec des canines, comme le porte-musc; avec des ongles, comme le diplostome des bords du Mississipi; avec un groin, comme le sanglier. Tout le monde connaît l'usage que l'éléphant fait de sa trompe, organe précieux qui n'a aucun rapport avec le nez du tapir, animal rapproché à tort de l'éléphant, avec lequel il n'a aucun rapport véritable.

Les mammifères herbivores ne se nourrissent pas indistinctement de toutes les plantes. Certains amphibies ne paissent que les fucus, et de ce côté, comme de bien d'autres, ils diffèrent tout à fait des herbivores terrestres. On ne pourrait nourrir ceux-ci avec les plantes marines, ni les phoques avec l'herbe des prairies. Il est probable que le lichen, fourrage des rennes, ne serait pas du goût des bœufs ou des cerfs. Ainsi tout est spécial, tout est séparé, tout est créé dans une intention providentielle qui se révèle par l'organisation et les habitudes de la vie.

Les harmonies qui existent entre les insectes et les plantes sont tellement nombreuses, qu'on peut dire, sans craindre d'être contredit, que la vie des uns est, dans certains cas, subordonnée à celle des autres. Ce qui le prouve, entre autres, c'est qu'ils sont pour les végétaux à sexes séparés de puissants agents de fécondation, et souvent les seuls. A voir les prodigieuses modifications de la bouche de ces curieux animaux et les instruments de toutes sortes, scies, lames tranchantes, cisailles, etc., dont ils sont armés, si la nourriture doit être solide, tandis qu'elle est réduite à un seul suçoir, si l'alimentation doit être liquide, qui ne constaterait l'existence de causes finales qui soumettent la nature et la maintiennent invariable?

Les frugivores et les granivores se trouvent surtout parmi les oiseaux; les singes se nourrissent de fruits, mais ils ont pour auxiliaires de ce mode d'alimentation les racines et les tiges succulentes; parfois même la nécessité les fait omnivores, et c'est avec l'homme un nouveau trait analogique. On reconnaît facilement à l'inspection du bec si les oiseaux ouvrent les graines, ou s'ils les avalent entières. Les gallinacés et les pigeons sont dans cette dernière catégorie. Beaucoup sont polygastres, et ce que ne peut faire le bec, le gésier s'en charge; cependant beaucoup de graines échappent à cette trituration, circonstance très-favorable à la dissémination des graines, dont les oiseaux sont les agents les plus actifs. Les passereaux ont un bec délié, et cependant robuste. Se sont-ils emparés d'une graine, quelque petite qu'elle soit, ils la mettent sur sa face dorsale, l'ouvrent et mangent l'amande. Il faut, pour qu'ils se nourrissent, recommencer souvent cette opération ; aussi leurs repas durent-ils toute la journée. Les perroquets, dont la patte est un instrument de préhension, sont, parmi les oiseaux, de très-habiles granivores.

Les animaux carnassiers se trouvent presque exclusivement parmi les mammifères et les oiseaux. Ce sont des chasseurs infatigables qui passent d'ordinaire d'une longue diète à des écarts formidables de régime. Puissamment armés, agiles, robustes, richement vêtus, ils deviennent, par le droit du plus fort, les tyrans redoutés des cantons qu'ils habitent. Chez eux, les sentiments affectifs pour la race sont très-développés chez les femelles et presque nuls, au contraire, chez les mâles ; les oiseaux de proie seuls font exception.

Les insectivores appartiennent à plusieurs ordres de vertébrés, mammifères et oiseaux. Parmi les premiers, se trouvent les hérissons, les tenrecs, les taupes, les condylures, le fourmilier, tous remarquables par la bizarrerie de leurs formes et la singularité de leurs habitudes. Dans les derniers, se rangent l'hirondelle, le gobe-mouches, la bergeronnette, le rossignol. Beaucoup de reptiles vivent d'insectes ; quelques poissons en sont avides. Tous ces animaux avalent leur proie vivante.

L'organisation de la bouche sépare complétement les animaux qui vivent de matières solides de ceux qui s'alimentent exclusivement de liquides. On leur a donné le nom de *suceurs*. Peu de mammifères appartiennent à cette catégorie, et il faut les chercher parmi les chiroptères.

Les colibris, véritables oiseaux-papillons, tant les teintes métalliques de leurs plumes ont d'éclat et de légèreté, se nourrissent du suc nectaréen des fleurs, et peut-être aussi des petits insectes qui vivent dans les corolles. Ils ont une langue effilée, partagée au sommet en deux longs tubes déliés, organes de succion.

On connaît un nombre si considérable de poissons suceurs, qu'ils forment dans la méthode ichthyologique de Cuvier la première famille de la première classe des chondroptérygiens :

tels sont la lamproie, l'ammocète et le gastrobranche, poissons sans opercules, dont les lèvres forment un cercle entier autour de la bouche, qui est concave. Cette organisation rappelle celle de l'appareil de succion de certains vers à sang rouge.

Ce mode d'alimentation, très-rare chez les crustacés, est bien plus généralisé chez les insectes, témoin les lépidoptères, les hémiptères, les diptères surtout et les aptères, parmi lesquels l'homme compte plus d'un ennemi. Les hirudinées, et en général les vers intestinaux, sont des animaux suceurs.

Un mode d'alimentation tout spécial et très-extraordinaire est celui qui appartient en propre aux mollusques attachés sur les rochers. Ils n'ont ni mâchoires ni dents, et se nourrissent des molécules organiques et des animaux microscopiques que leur apporte le flot, quand leur coquille est béante. Il n'est pas moins singulier de voir le ver de terre avaler la terre végétale, qui se dépouille pendant son trajet, à travers le tube intestinal, des parties assimilables qu'elle renferme : c'est ainsi qu'ils épuisent le terreau et qu'ils nuisent à l'horticulture.

L'homme est-il véritablement omnivore? Ce point d'histoire naturelle est difficile à éclaircir. Et d'abord, est-il carnassier? Rien ne le démontre : il n'a ni canines puissantes ni ongles rétractiles, comme les chats. Est-il organisé pour être carnivore? Nous ne le croyons pas davantage : sa bouche n'a qu'une ouverture très-médiocre et ne se prolonge pas en museau. Ce n'est pas pour lui un instrument de préhension, et les dents qui la garnissent ne sauraient en faire un ossifrage. Qu'il puisse vivre exclusivement de végétaux, personne n'en doute, tandis qu'il n'est pas prouvé que les chairs seules soient capables de le faire vivre. Les Esquimaux sont, il est vrai, ichthyophages, et les Fuégiens vivent de mollusques; mais ici la nécessité a fait loi, et l'habitude a prévalu sur les instincts naturels. Pour manger les chairs, il faut qu'elles soient dénaturées par la cuisson et par les assaisonnements. La vue du sang nous est odieuse, et nos dents, le voulussions-nous, ne sauraient diviser les chairs crues. Il nous semble que l'homme doit prendre place parmi les vertébrés qui vivent aux dépens du règne végétal : fruits, racines féculentes, semences émulsives. Les animaux carnassiers et carnivores, toujours préoccupés du soin d'assurer leur nourriture, s'isolent les uns des autres et vivent séparés ; tandis que les herbivores, qui trouvent partout les aliments qui conviennent à leur organisation, se réunissent par troupes, et l'homme possède comme eux, et au plus haut point, ce même instinct de sociabilité. Serait-il impossible de ne pas voir ici l'indice d'une diététique dont le règne végétal ferait tous les frais ?

Il ne faut pas observer longtemps pour se convaincre qu'il n'est pas une seule plante, un seul animal, un seul produit des deux règnes qui ne serve à l'alimentation des êtres vivants.

Quoique cachées dans la terre, les racines n'échappent pas pour cela à la dent des animaux ; les tiges jeunes encore tombent avec les feuilles et les bourgeons sous la mandibule des insectes ; une classe tout entière de coléoptères se nourrit de bois, et a reçu, en raison de ce mode d'alimentation, le nom de *xylophages*. L'épiderme de toutes les parties foliacées est entamé par les larves. Les gallinsectes y introduisent, à l'aide de leur pondoir, des œufs accompagnés d'une matière irritante qui donne lieu à l'évolution de ces productions bizarres connues sous le nom de *galles*, habitations parfaitement disposées, où les larves qui éclosent, bien abritées, trouvent tout à la fois une sécurité parfaite et une abondante nourriture. Les bourgeons, les écorces, les fruits, les semences, ont des animaux spéciaux qui les dévorent ; il n'est pas jusqu'au pollen qui ne soit attaqué par des insectes si petits, que l'œil peut à peine en déterminer la forme. Les produits végétaux à leur tour, sucs nectaréens, matières céreuses, exsudations de toute sorte, nourrissent une foule de petits animaux. Une famille tout entière de diptères vit aux dépens des champignons, qu'entame aussi la dent des mollusques. Le blé de nos greniers devient la proie des charançons. Nos provisions les plus précieuses ont pour dévastateurs plusieurs espèces de rongeurs ; nos herbiers sont visités par des ptines et des anthrènes, redoutables par leur nombre plutôt que par leur taille.

Les animaux, à leur tour, nourrissent les animaux ; tandis que leurs débris enrichissent la terre, dans laquelle les plantes puisent les éléments de leur accroissement. L'organisme nourrit l'organisme. Il est des carnassiers pour les chairs vivantes, des carnivores pour les chairs mortes. Les animaux que la force et la taille protégent servent à nourrir de leur sang les insectes suceurs. L'éléphant ne parvient à se soustraire à leurs piqûres qu'en se couvrant de vase, le renne qu'en se réfugiant sur les hauteurs, l'homme qu'en se frottant de graisses et en consentant à vivre dans la fumée. Mais que dirons-nous des parasites, et même des parasites de parasites? Ne prenons que l'homme pour exemple : les ricins, la puce pénétrante, le sarcopte, les poux, s'attaquent à l'épiderme ou pénètrent dans le derme; les entozoaires habitent toutes les parties de son corps : estomac, intestins, foie, œil, muscles; on les trouve partout, et jusque dans les veines et dans le cerveau. On connaît des parasites pour la tête, pour le pubis, pour les pieds. La même chose peut se dire des autres animaux. C'est ainsi que la vie soutient la vie, et qu'une même loi se confirme par deux effets différents et en apparence opposés : conserver et détruire.

En présence des modifications organiques qui s'adaptent si parfaitement à la diététique des animaux, comment invoquer le hasard, comment confier à la variabilité, qui n'est soumise à aucune règle fixe, le développement des êtres vivants? Quoi de plus complétement séparés que les herbivores monogastres et polygastres, que les herbivores qui paissent l'herbe des prairies et les amphibies qui vivent exclusivement de plantes marines? Quoi de plus distincts par l'organisation que les animaux broyeurs et les animaux suceurs, que ceux dont la bouche est puissamment armée de dents incisives, de dents canines et de dents molaires, tandis que d'autres n'ont qu'une langue extensible pour appareil de préhension et de manducation? Par quelles transitions auraient donc pu passer tant d'organisations spéciales, si nombreuses que, pour indiquer seulement les principales, il faudrait écrire de gros volumes? On ne le devine pas. Ce qui frappe nos yeux comme résultat de la création laisse peu de place à des explications sensées; après avoir étudié le résultat et proclamé ce qu'il y a de grandiose, on ne pourrait dire comment et pourquoi il s'est produit. Peut-être alors serait-il sage de se contenter d'apprécier les effets sans trop se préoccuper des causes.

§ 5. — *Reproduction.*

Si le mode d'alimentation, la nature des substances nutritives et la diversité des agents chargés d'en permettre l'usage fortifient l'opinion qui soutient la permanence des types, la reproduction, à son tour, vient confirmer ces données et leur prêter une incontestable vraisemblance. Il pourrait, jusqu'à certain point, suffire de tout ce qui précède pour fixer les incertitudes ; cependant, ici comme dans les meilleures causes, la surabondance des preuves est indispensable. Nous allons donc rappeler de nouveaux faits, et la reproduction va nous les fournir. Voyons d'abord le règne végétal.

Il est pour les plantes, impuissantes à quitter le lieu où elles ont pris naissance, une circonstance exceptionnelle, véritable déviation aux lois qui régissent la nature végétale : elles sont parfois unisexuelles et ne peuvent être fécondées que par le pollen qui leur arrive à travers les airs. Peut-être serions-nous moins frappés des inconvénients d'une pareille anomalie, si la terre était aujourd'hui dans les conditions où elle se trouvait autrefois. Les plantes à sexes séparés vivaient les mâles à côté des femelles, et les unions offraient moins de difficultés que de nos jours, où l'on voit que l'industrie humaine les a séparées les unes des autres. Quoi qu'il en soit, cette disjonction des sexes est un fait considérable qui fait deux catégories de plantes qui ne sauraient changer leurs caractères pour devenir hermaphrodites ou unisexuelles, tant elles sont bien organisées pour être et rester telles qu'elles se montrent à nous.

Les végétaux, soumis en apparence d'une manière passive à l'action des agents extérieurs pour tout ce qui se rapporte à la nutrition, se rapprochent singulièrement des animaux dans la manière dont fonctionnent les organes générateurs et dans les résultats des actes accomplis : irritabilité des étamines, jets de pollen, ovules attachés par des cordons ombilicaux à des placentaires, embryons entourés pendant leur formation d'une sorte de liqueur amniotique; quoi de plus analogique?

Les caractères typiques tirés des organes générateurs, quoique souvent d'une très-grande petitesse, sont parfaitement distincts et très-diversifiés : enveloppes florales qui semblent se jouer de la forme; étamines plus ou moins nombreuses chargées d'anthères, gorgées d'un pollen en apparence hétéromorphe et en réalité soumis à des formes déterminées; ovaires plus ou moins riches en ovules ; fruits de toutes grosseurs, de toutes couleurs, de toute consistance; embryons prenant toutes les directions possibles et merveilleusement disposés pour cette sorte d'incubation terrestre, à laquelle nous donnons le nom de germination, fonction pleine de mystères qui prélude à la vie végétale par la nutrition, pour ne se terminer qu'à la maturation des graines; et pendant cette longue évolution, que de particularités curieuses! que de phénomènes inexpliqués! C'est la vallisnérie, plante monoïque dont les fleurs mâles, attachées près du collet de la racine, brisent leur pédoncule pour s'élever à la surface de l'eau et se mettre en contact avec les fleurs femelles; l'utriculaire, dont la densité varie suivant les besoins de la fécondation; l'arachide et la gesse amphicarpe, qui enterrent leurs fruits; les euphorbiacées, qui lancent au loin leurs graines pour les disséminer; les érables, dont les fruits sont ailés; les valérianées et les synanthérées, qui couronnent leurs akènes d'aigrettes plumeuses. Ce sont enfin les agames, qualifiés peut-être à tort de végétaux inférieurs, qui préludent à la vie par des anthéridies mobiles remplissant le rôle d'agents fécondateurs. Combien d'autres modifications organiques passons-nous sous silence qui spécialisent les types et révèlent les grands desseins de la Providence!

Dans le règne végétal, tout s'opère sur place; mais, chez les animaux qui peuvent changer de lieu, notamment chez les animaux terrestres, il fallait que les producteurs s'intéressassent à leurs produits : de là cette nécessité de sentiments affectifs destinés à protéger la race. C'est par là surtout que le règne animal l'emporte sur le règne végétal. Les mammifères, les insectes, et par-dessus tout les oiseaux, offrent des témoignages éclatants de cet attachement sans bornes des parents pour leur progéniture, et c'est là ce qui les rapproche de nous. Ces sentiments s'éteignent-ils, les animaux sont véritablement inférieurs; ils n'éprouvent qu'un besoin, celui du rapprochement des sexes; encore n'a-t-il lieu, chez les poissons, qu'à titre très-exceptionnel.

Sous le rapport de la génération, les mammifères se partagent très-naturellement en monodelphes, et en didelphes ou marsupiaux, que l'on regarde comme moins parfaits que les autres, la double parturition dont ils offrent le singulier exemple étant jugée anomale. Pourtant il ne serait pas juste de mettre cette particularité au nombre des arrêts de développement, puisqu'au lieu d'une matrice, il s'en trouve deux, une intérieure, qui n'a aucun caractère particulier, et une extérieure, la poche marsupiale, soutenue par un os qui n'existe que chez ces animaux. Non-seulement la vie des nouveau-nés n'est pas compromise par suite de cette organisation, mais encore elle n'en est que mieux assurée, et la tendresse des mères n'en paraît que plus vive.

Parmi les animaux, ce qui tend à séparer les mammifères sous le rapport générateur, c'est principalement le nombre et la situation des mamelles; l'os pénial des chiens, les papilles qui chargent le pénis des chats; la menstruation prouvée chez les quadrumanes et annoncée comme réelle chez les grands chiroptères; la durée si variable de la gestation, les époques de rut; l'état dans lequel naissent les petits, tantôt aveugles et tantôt clairvoyants, tantôt semblables à des avortons, faibles et endormis, tantôt debout dès leur naissance, parfaitement éveillés et capables de suivre leur mère.

Les diverses espèces d'oiseaux, caractérisés, par la forme extérieure et les modifications auxquelles est soumis le tube digestif, le sont aussi par la manière dont sont construits les nids, par l'époque de la ponte, la durée de l'incubation, le nombre des œufs; la vestiture des petits, couverts de plumes ou seulement de duvet, capables ou non, en naissant, de pourvoir à leur nourriture.

Les sentiments affectifs pour la race, si développés chez les mammifères, et surtout chez les oiseaux, sont presque nuls chez les reptiles. Parmi ceux qui ont une vie terrestre, il en est quelques-uns dont la sollicitude est évidente : ils mettent leurs œufs en lieu sûr, et le serpent molure les porte avec lui dans les replis de son corps. Les tortues les recouvrent de sable. Les œufs en chapelet des batraciens ne sont pour les mères l'objet d'aucun soin particulier. Le pipa seul recueille les siens; ils éclosent sur son dos, de sorte que, sans avoir de poche marsupiale, il se comporte comme la sarigue et le kanguroo. Les poissons, encore peu connus sous le rapport générateur, sont ovipares et très-rarement ovovivipares; ils se contentent presque tous de déposer le frai dans des eaux tranquilles. C'est en raison de cet abandon et de la nécessité de pourvoir au maintien de la race que les œufs sont en si grand nombre et les laitances si riches en zoospermes. Les mollusques, animaux apathiques, ne fournissent aucun fait qui soit caractéristique pour l'espèce en ce qui concerne l'acte générateur et ses résultats.

Pour retrouver la sollicitude pour la race, il faut descendre jusqu'aux articulés, et surtout étudier les mœurs des insectes. Chaque espèce a un lieu d'élection pour y déposer ses œufs, que des tarières, capables de percer les corps les plus durs, introduisent dans les couches corticales, dans les bois, dans le tissu des feuilles et jusque dans le corps des animaux. Les instincts maternels vont si loin, que certaines larves nées de mères qui ont péri trouvent près d'elles des substances destinées à les nourrir, déposées par les pondeuses en prévision de l'éclosion des œufs. Beaucoup d'observateurs ont étudié la vie de ces petits animaux; certes, ils savent comment ils agissent, savent-ils bien ce qui les fait agir?

Indépendamment de la reproduction sexuelle, il existe encore un mode tout spécial de multiplication qui n'est pas rare chez les plantes, et qui est assez fréquent chez les zoophytes. Ils produisent des gemmes qui continuent l'espèce sans la modifier. Les êtres qui présentent ces phénomènes peuvent aussi se reproduire par des œufs et par des graines. Nous ne faisons qu'effleurer cette partie du sujet que nous traitons, malgré tout ce qu'il offre de curieux, et nous nous croyons maintenant suffisamment autorisé à demander à la sélection naturelle le secret de tant de merveilles, sur lesquelles la science n'a pas encore dit son dernier mot.

§ 6. — *Les animaux doués d'instincts spéciaux et d'intelligence ont un appareil qui en permet le développement.*

Les animaux, séparés les uns des autres par la structure des organes et souvent même par la manière dont ces organes fonctionnent, le sont aussi par un côté immatériel : par les instincts et par l'intelligence qui lui sert de guide. Tout ce que nous savons de leur histoire les isole, les spécialise, en un mot fait de chacun d'eux des créations distinctes, n'ayant de rapport avec les autres êtres que pour les éviter ou les combattre.

C'est surtout par ce côté immatériel qu'ils ont une vie propre ; doués d'habitudes différentes, ils vivent pour eux, et les espèces se succèdent sans se modifier. Le cercle dans lequel ils sont renfermés ne saurait être franchi, et le type reste immuable.

Expliquer par la variabilité des formes extérieures la diversité des instincts me semble impossible. La sélection naturelle ne produit rien de déterminé ; elle n'est pas une loi, mais un accident. La méfiance, la jalousie, la ruse, la curiosité, le courage, ne s'éveillent que chez les animaux, primitivement organisés pour céder à ces passions presque humaines. Il en est d'autres encore plus extraordinaires qui sont en germe et que l'éducation parvient à développer. Elle les élève au-dessus de leur condition, mais c'est à nous seuls qu'ils doivent ce perfectionnement. Nous les faisons reconnaissants, soumis, dévoués, affectueux, désireux de plaire, affligés de n'avoir pu réussir. Or, ces sentiments se développent sans qu'il soit besoin pour cela que la sélection naturelle intervienne pour changer la forme.

Les animaux doués d'intelligence ou d'instincts spéciaux ont un instrument qui leur en permet le développement. Cet instrument a-t-il précédé l'usage auquel il est destiné ? s'est-il perfectionné ou développé par l'exercice ? Nous ne le pensons pas. L'instrument et l'usage que l'animal en a su faire sont contemporains de sa création ; ils remontent au berceau de l'espèce. Supposez que la trompe de l'éléphant ait été trop courte et de trop faible diamètre ; que la langue du fourmilier n'ait pas été dès l'origine suffisamment extensible et ils n'auraient pu se perpétuer. Le castor, le caméléon, les araignées fileuses et une foule d'autres animaux n'existent que sous la condition d'être aujourd'hui ce qu'ils ont été toujours. Ils ne pouvaient attendre les appareils qui leur servent à remplir les actes principaux de la vie. C'est faute d'avoir été dans ces conditions que certaines espèces ont dû disparaître. Maintenant l'épuration est faite et les conditions d'existence définitivement réglées.

On peut apprécier à la première vue le degré d'instinct et l'étendue de l'intelligence des animaux en consultant certaines particularités de leur organisation extérieure. En voyant l'hippopotame, le rhinocéros, le bœuf, le tapir, il est facile de deviner qu'ils sont dans l'impossibilité d'accomplir, en dehors des actes ordinaires de la vie, rien de considérable. Les sabots sur lesquels ils appuient le corps ne sont qu'une simple base de sustentation ; chez eux, les membres antérieurs et postérieurs servent uniquement à la locomotion. Dans l'attaque et dans la défense, ils agissent surtout par leur masse.

L'éléphant est bien plus lourd, et ses articulations ne se prêtent que difficilement à la flexion ; mais il a sa trompe, et ce merveilleux instrument lui permet d'accomplir une foule d'actes difficiles, interdits à la plupart des animaux. C'est pour lui un câble vivant, une massue, un bras terminé par un doigt mobile, un siphon. Il l'allonge et la raccourcit, l'élève et l'abaisse, la roidit ou la recourbe. Sans faire agir le corps, il en fait le ministre de ses volontés ; il s'en sert pour se nourrir, pour se désaltérer, pour se défendre. Elle est le siége du toucher et de l'odorat. Sans l'habileté avec laquelle il en use, l'homme ne pourrait tirer un parti considérable de cet animal, qui, s'il n'est pas un domestique soumis, est du moins un captif intelligent.

A voir la queue écailleuse du castor, ses doigts palmés et ses fortes incisives, qui ne devinerait qu'il est maçon et charpentier, et qu'il doit faire ses constructions dans l'eau ? Les singes avec leurs mains et leurs queues prenantes n'annoncent-ils pas des animaux destinés à vivre sur les arbres? Ils ont une forme humaine, quoique dégradée, et doivent avoir des gestes analogues à ceux de l'homme, dont ils sont la caricature.

L'abolition complète d'instruments propres à venir en aide à l'intelligence est manifeste chez les amphibies, surtout chez les cétacés, réduits à la condition des poissons, avec des membres postérieurs et antérieurs cachés dans le corps ou logés dans d'épaisses mitaines. Leur cerveau, aussi volumineux que celui des mammifères terrestres, ne saurait fonctionner, n'ayant pas d'agents au profit desquels il puisse le faire.

Les mammifères, l'homme excepté, sont-ils bien en moyenne les êtres les mieux doués de tous les vertébrés? Les naturalistes ne paraissent pas en douter. Quant à nous, nous leur trouvons des rivaux dans les oiseaux : riche vêtement, forme élégante, agilité des mouvements, vue perçante, vol rapide, rien ne leur manque, et ces dons physiques ne sont pas les seuls. Ils ont au plus haut point les sentiments affectifs, notamment une sollicitude pour les petits qui peut servir de modèle. Cet amour va jusqu'au dévouement : créés timides, ils deviennent intrépides aussitôt qu'il s'agit de défendre leur couvée, et l'on connaît d'eux des actes qui feraient croire que la pitié pour les souffrances d'individus étrangers même à leur race ne leur est pas toujours étrangère. Ils s'avertissent par des cris d'alarmes de l'approche du danger. Chacun sait l'histoire de ces hirondelles qui coupèrent avec leur bec le fil qui retenait captive l'une d'elles, accrochée au fronton du palais de l'Institut. Réduire à l'instinct la construction des nids est un jugement hasardé; l'intelligence y prend part, et pour l'emplacement choisi et pour les matériaux employés. Le nid est une habitation, un réduit, un fort souvent inaccessible; c'est là que, sur un lit de mousse, de crin, de laine et de duvet, repose la nichée. Que par la pensée on se représente père, mère, enfants, serrés, sans se gêner, les uns contre les autres, goûtant avec pleine sécurité un doux sommeil qui se prolonge jusqu'à l'aurore, dont les premières lueurs, saluées par des chants joyeux, donnent le signal de quitter *la plume oiseuse* pour recommencer, au profit de la jeune famille, une vie de sollicitude et d'amour, et l'on aura un tableau de bonheur capable d'émouvoir jusqu'à l'indifférence même !

Quels instruments la nature a-t-elle donné aux oiseaux pour remplir tous les actes de leur vie? Un bec; c'est une arme pour l'attaque et pour la défense, un instrument de préhension pour s'emparer de la graine qui nourrit et du fêtu qui doit entrer dans la composition du nid. C'est une pince, une aiguille, un poinçon, une tarière, un tamis, une passoire, un dégorgeoir, une truelle; ce sont aussi des ciseaux. Les pattes viennent en aide au bec, mais non toujours; d'ordinaire il suffit à tout. Les naturalistes disent que les oiseaux sont inférieurs aux mammifères, parce qu'ils sont ovipares et que le développement de l'embryon s'opère en dehors du corps de la mère; ils ajoutent qu'ils n'ont qu'un seul orifice pour la sortie de l'œuf et celle des excréments; que le cerveau est lisse et privé de corps calleux. Qu'importe cette prétendue infériorité, si les actes de la vie dénotent une supériorité incontestable d'intelligence, et si les sentiments affectifs sont d'une nature élevée, car, à bien voir, c'est par ce côté que les animaux se rapprochent de nous et que parfois même ils nous dépassent? Ces sentiments n'appartiennent-ils qu'à l'instinct? Nous n'oserions le soutenir, tant il semble que l'intelligence doive intervenir. Toujours est-il démontré que l'affection pour la race et le rapprochement des sexes disparaissent dans les animaux inférieurs, au point de ne plus offrir de traces : tels sont les mollusques, les entozoaires et les rayonnés. Malgré l'activité de leurs mouvements, les poissons ne s'élèvent guère, sous le rapport des sentiments affectifs et de l'intelligence, au-dessus des animaux des classes inférieures; mais la nature ne pouvait leur donner ce qui leur était inutile. Vivant plongés dans un milieu facile à pénétrer, toujours chassant, toujours chassés, dévorant et et dévorés, la facilité de déplacement leur suffisait. Ils ont une vie aventureuse, mais non difficile.

Les reptiles, sauf très-peu d'exceptions, ne leur sont guère supérieurs. Les tortues, essentiellement torpides, auraient depuis longtemps disparu du globe si elles n'étaient protégées par leur carapace. Elles s'accouplent et mettent leurs œufs en lieu sûr; hors de là, elles n'ont rien qui les place au-dessus

des poissons. Parmi les sauriens, il en est qui, sans avoir plus
d'intelligence que les poissons, sont loin d'avoir leur agilité.
Le caméléon, qui se déplace si rarement et avec tant de lenteur, a une queue prenante, et pour grimper des doigts disposés comme ceux des perroquets; il est didactyle. On sait que
sa langue est un organe de préhension qu'il peut lancer sur
les insectes dont il fait sa proie. Ces particularités curieuses
n'appartiennent qu'à l'instinct. Les serpents ne sont pas mieux
traités sous le rapport de l'intelligence : ce sont de simples
colonnes vertébrales mobiles, des espèces de cylindres ambu-
lants, forme avantageuse à l'animal et qui lui fait trouver partout de faciles refuges pour échapper au danger. Les ophidiens
les moins déchus se tiennent patiemment en embuscade pour
attendre et atteindre leur proie. Privés de membres et n'agis-
sant qu'avec la tête, ils ne sauraient accomplir aucun acte
important. Mieux traités par la nature, ces dangereux animaux
nuiraient bien plus. Quant aux batraciens, l'instinct de conservation et de reproduction, les seuls qui soient en eux ne sont
que très-faiblement développés.

Les mollusques englués d'une épaisse viscosité, lents dans
leurs mouvements, soit qu'ils se traînent sur la terre, soit qu'ils
rampent au fond des eaux, n'ont aucun appareil qui puisse
favoriser des actes intelligents.

Les instincts se relèvent dans les articulés, les annélides
exceptés, et ils touchent à l'intelligence dans certaines espèces
d'arachnides et d'insectes. Les crustacés n'ont guère que les
qualités du chasseur. Ce sont d'impitoyables gloutons, uniquement occupés du soin d'assouvir, sans y parvenir jamais,
les besoins sans cesse renaissants de leur estomac. C'est pour
cela que la nature les a si puissamment armés; mais si les
pinces servent à s'assurer une proie, elles sont impropres à
remplir tout autre acte de la vie, à l'exception de quelques
espèces qui s'en servent pour creuser des terriers. Les arachnides, et surtout les insectes, sont pourvus d'instruments appropriés aux actes nombreux et variés qu'ils doivent accomplir.
Instruments de construction, de récolte, de préhention, armes
pour le combat, tout leur a été prodigué; ils mordent, ils tail-
lent, ils déchirent, rien ne leur résiste; les bois les plus durs,

les métaux mêmes sont entamés par les mandibules de ces petits êtres ; réduits dans leurs dimensions, il se rendent redoutables par le nombre. Les travaux qu'ils exécutent sont parfois considérables, et les résultats qu'ils obtiennent d'un long labeur sont tantôt profitables et tantôt nuisibles à l'homme. On sait beaucoup de choses concernant leur histoire, et cependant elle est restée très-obscure dans beaucoup de points, non par le manque d'observateurs, mais par la petitesse des êtres et par la difficulté de les suivre dans tous les actes de leur vie ; sauf la taille, si pourtant la taille est une preuve d'importance, ils n'ont rien à envier aux grands animaux. La nature s'est complue à leur donner la richesse des téguments et la beauté des formes ; indépendamment de leurs armes, ils ont encore des appareils venimeux comme les serpents, avec un venin capable de causer de vives souffrances, sinon la mort.

Le degré d'importance que nous accordons aux choses se règle trop souvent sur la dimension ; il en résulte nécessairement de fausses appréciations. Si nous pouvions un instant avoir des yeux télescopiques, et qu'ils fussent dirigés sur les objets que nous voyons mal ou incomplétement, nos jugements seraient plus sûrs et plus équitables. Si nous contemplions du sommet d'une montagne les manœuvres d'une armée, nous ne verrions plus que de petits points noirs qui sembleraient se mouvoir sans but connu, ce ne serait plus qu'une fourmillière. Que sont, à très-grande distance, les rivières, les lacs, les villes les plus considérables, tout se confond, rien n'est distinct. La même chose arrive si nous regardons les petits animaux ; nous ne saurions bien les juger. Pour apprécier leur importance, et l'élever au niveau de celle que nous accordons à la taille, qu'il nous soit donné de pouvoir les regarder en les grossissant, cent, deux cents, cinq cents fois, non dans les détails de leur organisation, mais dans l'ensemble de leurs travaux, et nous verrons régner l'ordre où l'ordre ne paraissait pas exister. La fourmillière deviendra une ville avec ses rues, ses ponts, ses chaussées, ses maisons, et les citoyens qui l'habiteront nous sembleront sans doute soumis, dans leurs actes, à des règles que sanctionnera la raison. Avec nos yeux, à l'action desquels échappent les petites choses, nous les voyons déjà prévoyantes, actives, persévérantes; elles montrent la plus vive sollicitude pour leurs œufs, elles s'entraident et paraissent se comprendre. Que serait-ce donc si nous pouvions être dans le secret de toutes leurs actions? Les fourmis s'agitent sur un petit espace et nous sur un grand. Aussi pouvons-nous dire avec Sénèque : *Quid illis et nobis interest, nisi exigui mensura corpusculi?* Nous ne savons pas plus ce que sont les fourmis que les fourmis ne savent ce que nous sommes. Dieu, qui a donné l'intelligence, ne l'a pas proportionnée à la masse, et l'on peut tenir pour certain que si le cheval ou le bœuf sont plus gros que les abeilles et les fourmis, celles-ci l'emportent pour l'étendue des instincts et celle de l'intelligence. Appréciés par ce côté, ces petits animaux devraient occuper une place élevée, en sens inverse de leur masse.

Les rayonnés sont séparés des arachnides et des insectes par un intervalle immense. Beaucoup d'entre eux sont des agrégations d'animaux opérant aveuglément dans un but commun, pour créer des constructions souvent élégantes auxquelles ils ne prennent individuellement qu'une très-faible part. Des myriades d'ouvriers concourent à élever l'édifice. Chacun d'eux s'occupe activement de son labeur, mais l'architecte sur le plan duquel ils travaillent ne les a pas mis dans le secret de son œuvre.

Le cinquième embranchement, si pourtant il peut être constitué, renfermerait les infusoires, ce *mundus invisibilis* que nous a fait découvrir le microscope. Leur organisation, simple d'ordinaire, laquelle parfois se complique, ne permet pas même alors de rien conclure de ce qui pourrait être en eux instinct ou intelligence. Malgré ce que nous en ont dit certains micrographes, leur histoire intime est pour nous un livre fermé.

Nous n'irons pas plus loin, ayant voulu seulement établir qu'il existe un rapport évident entre l'organisation physique et l'étendue de l'intelligence ou celle des instincts, faculté qu'il est bien difficile de séparer nettement l'une de l'autre.

Pour classer les animaux et leur donner un rang, il faut apprécier leurs actes et constater la présence des instruments qui permettent de les accomplir. Lorsque la nature n'a pas voulu que l'intelligence se manifestât, elle en a rendu impossible le développement. De même que dans l'ordre social il existe parmi les êtres vivants des riches et des pauvres, mais point de déshérités. La part dévolue à certains animaux peut être légère, toutefois la nature ne la fait pas attendre ; ses voies sont bien plus rapides et bien moins incertaines que celles dans lesquelles le darwinisme fait passer les organismes lentement façonnés pour remplir leurs destinées, telles qu'elles se révèlent à nos yeux.

§ 7. — *Durée de la vie.*

Sous le rapport de la durée naturelle de la vie, les animaux et les plantes sont très-inégalement partagés ; ce terme fatal n'est en rapport ni avec la taille, ni avec le temps plus ou moins long de l'accroissement. Il est de fort petites plantes qui sont vivaces, et de très-grandes herbes qui sont annuelles. Les oiseaux, qui, en général parviennent à toute leur croissance dès le commencement de la deuxième année, vivent quinze à vingt fois plus ; le cheval, sept à huit fois seulement. Le chat, quoique plus petit que le chien, vit aussi longtemps. Les données relatives à la durée de la vie sont très-incertaines pour la plupart des animaux qui sont à l'état sauvage, et ce que nous savons, à cet égard, de nos animaux domestiques ne permet pas toujours de conclure des uns aux autres.

L'épithète d'*éphémère*, appliquée à certaines plantes, veut dire seulement que leur vie est courte. La drave printanière germe, s'accroît, fleurit et fructifie en quelques semaines, on pourrait citer parmi les champignons une brièveté d'existence encore plus courte. Ce qui est vraiment éphémère, c'est la fleur ; parmi les plantes grasses, la magnifique fleur du grand-cierge, *Cactus grandiflorus*, la plus belle de toutes les fleurs nocturnes, s'épanouit après le coucher du soleil, et devient méconnaissable au lever de l'aurore.

Quand on dit des plantes qu'elles sont annuelles, on s'exprime d'une manière qui n'est pas très-rigoureuse, car leur durée dépasse rarement six mois. L'illustre De Candolle a fait adopter en botanique, pour les plantes annuelles, le nom de monocarpiennes, qui exprime qu'elles ne donnent de fruits qu'une seule fois. En passant d'un pays chaud dans un pays tempéré, une plante ligneuse peut devenir herbacée, par exemple, le ricin; mais jamais, que je sache, une plante herbacée ne devient ligneuse en passant des climats tempérés dans les climats chauds. Les horticulteurs parviennent à faire durer la vie de quelques plantes annuelles au delà des termes ordinaires, et de les métamorphoser en plantes ligneuses, tel est, entre autres, le réséda odorant. Mais ces déviations à l'ordre naturel, outre qu'elles sont infiniment rares, ne détruisent pas cette vérité, savoir : que chaque plante vit un temps si bien déterminé qu'on ne saurait comprendre comment elle pourrait jamais d'herbacée devenir ligneuse ou d'annuelle vivace. Ce sont des conditions typiques.

Suivant la manière de considérer les plantes, on peut leur reconnaître une durée ou plus courte ou plus longue, ou même ne voir en elles que des productions annuelles. En disant de certains arbres qu'ils ont vécu quatre, six, huit, dix siècles ou même davantage, on dit vrai; mais si l'on songe que la fleuraisou est annuelle, et qu'elle se développe sur des rameaux nés de bourgeons annuels, on pourra conclure que chaque année le tronc sert de support à une production nouvelle tellement distincte que les couches ligneuses et corticales qui résultent du développement de cette herbe peuvent être regardées comme indépendantes les unes des autres, faisant du tronc un faisceau de tiges, formé d'autant de parties que l'herbe annuelle s'est régénérée de fois. La même organisation se retrouve dans le stipe des palmiers, quoique les fibres ligneuses ne soient pas disposées par couches, de sorte que tout végétal qui vit plus de deux ans ne serait pas un être simple, mais bien plutôt multiple, à la manière de certains zoophytes. Les arbres nous donneraient ainsi l'image réelle d'un rajeunissement qui peut se continuer durant des siècles. C'est ce qui explique cette longévité prodigieuse de certains végétaux, dont les animaux les plus favorisés, sous ce rapport, ne nous offrent aucun exemple.

De même que les plantes, les animaux ont une durée très-inégale. Certains insectes, surtout les mâles, sont véritablement éphémères, et ils meurent après avoir reproduit leur race. Mais la durée des plus petits insectes à métamorphoses ne se mesure pas à celle de l'animal parfait, qui vit très-peu, tandis que la larve, au contraire, et les nymphes vivent assez longtemps. Le nom d'éphémères n'est donc pas juste de tout point.

Sous le rapport de la durée de la vie, il faut reconnaître des animaux *monogénistes*, qui ne produisent qu'une fois, et *polygénistes*, qui produisent plusieurs fois. Tous les vertébrés et les mollusques sont polygénistes, les articulés et les rayonnés plutôt monogénistes que polygénistes. Nous avons parlé des premiers, qui meurent dans la même année ; les autres s'accouplent plusieurs fois pendant leur vie, et à des époques déterminées pour chacun d'eux pendant une série d'années plus ou moins longue, qui est à peu près la même pour chaque espèce. Ces animaux polygénistes ont-ils perdu la faculté procréatrice, ils ne meurent pas toujours pour cela ; cependant leur rôle est terminé, et ils sont physiologiquement morts. Cette nullité du rôle reproducteur serait, à bien voir, le terme naturel de la vie.

Il existe des plantes bisannuelles, et celles-là même ne vivent pas plus d'une année, seulement elles vivent pendant les derniers mois de l'une et les premiers mois de l'autre. Sous ce rapport, on peut dire que beaucoup d'insectes sont dans des conditions pareilles. Les œufs pondus en été ou en automne peuvent éclore et produire des larves, et celles-ci passer tout l'hiver à l'état de nymphes, pour ne donner qu'au printemps l'insecte parfait. L'état de nymphe est une sorte de torpeur qui diffère de l'hibernance ordinaire en ce que l'animal se complète sous ses enveloppes pour définitivement se constituer. Tous les insectes ne passent pas ainsi d'une année à l'autre, et beaucoup de ces petits animaux pondent des œufs qui éclosent à l'état de larve, et se changent en insecte parfait dans le cours d'une seule saison. Il y a donc des insectes annuels et des insectes bisannuels. Les moins nombreux sont les insectes vivaces ; les coléoptères, quelques hémiptères, plusieurs hyménoptères, et un assez grand nombre de parasites. Les crustacés, les annélides, les arachnides, les rayonnés sont en général vivaces; les infusoires, éphémères.

Au reste, on ne sait pas d'une manière précise combien de temps vivent une foule d'animaux, et des conjectures seules sont possibles. La durée naturelle de la vie dépend de certaines qualités physiques qui la prolongent ou l'abrègent. Des téguments extérieurs résistants sont avantageux; une consistance trop molle, un désavantage. Beaucoup d'animaux succombent moins encore par le résultat de leur faiblesse que par la rigueur des saisons, mais ce n'est pas là la mort naturelle, et nous n'en dirons rien.

On croit, sans en avoir les preuves, que la baleine vit plusieurs siècles, que l'éléphant dépasse cent ans, que le cerf peut vivre quarante ans, et le cheval vingt-cinq à trente; les chiens, quelque soit leur taille, ne dépassent guère douze à quatorze. Les petits mammifères vivent très-peu. Leur accroissement est extrêmement rapide, et comme ils pullulent beaucoup, ils deviendraient aussi nombreux que les cousins qui volent par nuées. Beaucoup meurent de faim; d'autres, en hiver, sont noyés dans leurs terriers.

Les oiseaux vivent plus longtemps que la plupart des mammifères. Les perroquets atteignent jusqu'à quarante ans, et l'on cite des exemples d'une longévité double. Les perruches vont jusqu'à vingt-cinq ans. On a des exemples de linottes qui ont été conservées à l'état d'esclavage au delà de quinze ans, et des serins qui ont dépassé cet âge. Quoique ces exemples de la grande longévité des oiseaux soient peu nombreux, ils suffisent pour démontrer qu'elle varie suivant les espèces, et qu'elle est bien supérieure à la durée de l'accroissement. Sous les tropiques, la vie des colibris et des oiseaux-mouches doit être extrêmement courte, ils vivent trop pour vivre longtemps.

On ne sait rien des reptiles sous ce rapport. Il semble que l'accroissement en grosseur des tortues, des serpents et des grands sauriens soit indéfini. Si aucun accident ne survient, il est probable que l'existence de ces animaux doit être fort longue. La vie en eux n'est guère active, et comme ils dépensent peu ils peuvent dépenser longtemps.

Les poissons, comme les grands reptiles, semblent s'accroître indéfiniment ; c'est, du moins, ce qui semble prouvé pour plusieurs d'entre eux, notamment pour la carpe et le brochet, et c'est là un indice de grande longévité.

La carpe peut vivre un temps extraordinaire, cent, cent cinquante, deux cents ans et même davantage. Cette longue durée est en rapport avec le poids qu'elle acquiert, 38, 40, 45 et jusqu'à 70 livres. Le brochet est, sous ce rapport, le rival de la carpe. Un individu de cette espèce était long de 19 pieds, du poids de 350 livres, et âgé de deux cent soixante-sept ans, suivant l'inscription de l'anneau de cuivre doré qu'il portait ; il consacrait la date de 1262, et avait été pêché en 1497 à Kaiserslautern. D'autres poissons, sans doute, doivent aussi vivre très-longtemps, mais on ne sait rien de positif à cet égard. Les squales, entre autres, sont si robustes qu'il est permis de croire pour eux à une longévité très-prolongée.

Nous n'avons rien à dire sur la durée de la vie des mollusques. Les testacés vivent, sans doute, plus longtemps que les mollusques privés de coquilles. Chez les huîtres, les hélices et autres mollusques testacés, on pourrait compter les années au nombre des zones et des tours de spire de leurs coquilles, mais ce ne serait qu'une donnée tout à fait approximative.

Les crustacés qui reproduisent les organes locomoteurs, s'ils les perdent accidentellement, vivent probablement assez longtemps ; il en doit être ainsi des annélides aquatiques ; la facilité avec laquelle ils peuvent supporter les plus longues diètes, indice certain d'une vie peu active, semble disposer à le croire. Il en est, sans doute, ainsi des arachnides et des entozoaires, qui vivent plus d'un an. Les rayonnés ont une longévité moins limitée, et l'on peut supposer que les grands polypes sont dans le même cas.

Ainsi il nous semble prouvé, contre l'opinion admise généralement, que la durée de la vie n'est pas en rapport avec celle de l'accroissement ; qu'elle est indépendante de l'organisation, et que les animaux à respiration branchienne vivent plus longtemps que les animaux à respiration pulmonaire, et que, par conséquent, il faut attribuer à la vie aquatique une plus longue durée qu'à la vie terrestre. De plus, il est prouvé que les vertébrés, dont le sang est rouge, vivent plus longtemps que les mollusques et les autres animaux dont le sang est blanc ou seulement rosé. Disons encore que si les végétaux arborescents paraissent vivre plus longtemps que les plus gros vertébrés, c'est qu'ils se continuent en se régénérant.

Comme on le voit, tout ce qui ressort de l'étude des idiosyncrasies, au lieu de rapprocher les types, les sépare et s'oppose aux effets de la sélection naturelle, sur laquelle est principalement établie la théorie des types, telle qu'elle est présentée dans toute la rigueur des lois qu'elle s'efforce d'établir.

VI. — CAUSES QUI PEUVENT AGIR SUR L'ESPÈCE ET LA MODIFIER.

1. — Concurrence vitale.

La concurrence vitale n'est autre chose que l'instinct de conservation considéré à l'état actif et dans ses résultats sur l'ensemble de la nature vivante. La vie est une lutte de tous les instants, et beaucoup y succombent. Les vainqueurs sont les forts et les rusés, ceux qui ont les armes les plus puissantes, ou ceux qui, servis par des agents de locomotion d'une grande puissance, savent se soustraire aux dangers par la fuite.

Les conséquences qui résultent pour chaque être de la nécessité d'assurer à tout prix sa conservation sont faciles à comprendre. La terre est un immense champ de bataille qui cependant a ses limites. Là tombent par millions les combattants, tantôt par l'action qu'ils exercent les uns sur les autres, tantôt par la nature des milieux qu'ils habitent, et qui sont soumis aux lois générales de la physique du globe.

Le résultat de ces causes défavorables qui agissent sur les plantes et sur les animaux doit nécessairement en réduire le nombre, et maintenir cet équilibre que nous avons qualifié ailleurs de balance numérique des êtres vivants, tout y concourt, mais d'une manière inconsciente, et si l'atmosphère devient favorable ou défavorable à la vie, ce n'est ni pour la servir, ni pour nuire à son évolution.

La nature produit des germes à profusion, et bien plus chez les plantes qui sont passives, et ne peuvent se conserver par elles-mêmes, que chez les animaux qui connaissent instinctivement le danger, et qui ont des organes de locomotion, pieds, ailes, nageoires, pour le conjurer.

Ce nombre de germes est souvent si grand que, chez un seul individu, qui semblerait ne devoir revivre que dans deux ou trois individus de son espèce, il dépasse, comme produits de la fécondation d'une seule année, jusqu'à cent et deux cent mille œufs ou graines. Dans le règne animal, cet excès de fécondité s'observe principalement, — et nous pourrions dire presque uniquement, — parmi les ovipares, et chez ceux-ci parmi les ovipares aquatiques. Moins les instincts affectifs pour la race sont développés, et plus aussi sont nombreux les germes reproducteurs ; abandonnés à eux-mêmes, ils sont exposés à des chances de destruction dont la nature a compris toute l'étendue ; les poissons nous présentent un exemple remarquable de cette sage prévision.

Lorsque les animaux vivipares et ovipares sont terrestres, ils étendent sur leurs petits et sur leurs œufs, qui sont une partie d'eux-mêmes, l'instinct de conservation, sauve-garde de l'espèce.

Chez les plantes, rien de pareil ne peut arriver ; cependant on pourrait trouver des traces de cette sollicitude, aveugle sans doute, mais évidente dans ses effets. Nous nous contenterons d'en citer un seul exemple. Lorsque la fécondation de l'ovaire de la pistache de terre, *Arachys hypogœa*, s'est effectuée, le pédicelle du fruit, qui était dressé, se recourbe, s'allonge, se raidit et s'enfonce dans la terre avec le légume auquel il servait de support. Ce n'est pas là le seul fait curieux de ce genre qui soit connu, et nous pourrions en citer d'autres. Les jeunes fruits, sans quitter la plante mère, s'abritent contre la lumière, comme s'ils accomplissaient le premier acte de la germination, qui demande l'obscurité. Telle est la prodigieuse fécondité des plantes que souvent une seule anthère produit plus de pollen qu'il n'en faudrait pour féconder des millions d'ovaires, quoique destinés à une seule fleur, et cette fleur peut produire assez de graines pour couvrir la terre entière au bout d'un très-petit nombre de générations, en admettant qu'elles pussent toutes se développer, ce qui ne peut être. Il n'en serait pas autrement de la plupart des insectes. Si tous leurs œufs pouvaient éclore, l'air et les eaux ne pourraient plus les contenir.

La concurrence vitale vient au secours des espèces en réduisant le nombre des individus, elle empêche qu'aucune d'elles ne soit dominante, toutes devant avoir une place au soleil.

La concurrence vitale a pour auxiliaires, ou, pour parler plus exactement, pour agents principaux le débordement des rivières, les tempêtes, les longues pluies, les vents impétueux, l'élévation ou l'abaissement des moyennes thermométriques. Ces causes agissent-elles toutes dans des intentions providentielles? sont-elles dans le plan général de la nature? Voilà ce qu'on ne saurait dire. Comme elles ne sévissent pas partout également, il en résulte une répartition différente des charges attachées à la vie, et par conséquent une distribution inégale dans chaque contrée du nombre des êtres vivants; ainsi, pour ne parler que des effets de la température, nous rappellerons qu'il est des lieux où elle est constamment bénigne : aussi sont-ils plus peuplés que les autres, et peuplés de plus d'animaux délicats. Toute la terre est soumise à l'action du soleil, mais il la réchauffe d'une manière très-inégale et avec une durée différente. Il fallait bien que les êtres vivants s'accommodassent de ces températures. Ceux qui n'ont pu le faire ont disparu ou bien ont émigré.

La concurrence vitale, ou, si mieux l'on aime, la balance numérique des êtres vivants a pour résultats :

1° D'assurer le maintien de l'espèce en s'opposant à la multiplication trop exagérée des individus.

2° De les forcer, par la nécessité de l'alimentation, à s'éloigner de leur lieu de naissance.

3° D'éteindre certaines espèces incapables de résister aux causes de destruction qui ont agi sur elles.

4° Et enfin de permettre aux espèces conservées de devenir plus robustes en modifiant le prototype spécifique ou primordial, qui conserve néanmoins ses caractères fondamentaux.

Les causes de destruction qui agissent sur les individus sont extrêmement nombreuses ; une foule de plantes et d'animaux meurent avant de compléter leur accroissement ; la famine les tue, et ils sont dévorés par d'autres animaux ; les longues pluies, les sécheresses prolongées, les grands froids, les chaleurs prolongées sont autant de causes de mort.

Pour échapper à la famine, beaucoup sont obligés d'irradier ; quelques-uns émigrent, et ces déplacements ajoutent singulièrement aux chances de destruction. Cependant c'est ainsi que les survivants peuvent s'acclimater, et passer, par des transitions ménagées, du nord au sud ou du sud au nord, peut-être même est-ce ainsi que les plantes peuvent vivre dans des terrains autres que ceux pour lesquels ils étaient primitivement faits.

La concurrence vitale a dû éteindre de nombreuses espèces par simple inanition. Les sauriens antédiluviens pourraient fort bien être morts de faim, leurs dimensions énormes faisant supposer un appétit formidable très-difficile à satisfaire.

La vie des animaux aquatiques semble mieux assurée que celle des animaux terrestres, bien plus exposés à l'action brusque des changements atmosphériques. La concurrence vitale n'aurait donc pas sur tous la même puissance. C'est pour cela vraisemblablement que, pour réduire numériquement les poissons, il a fallu leur donner un estomac qui digère vite et qui digère toujours.

Il n'est pas de loi plus impérieuse, plus nécessaire, d'une application plus fréquente que celle qui préside à la concurrence vitale. Elle date des premiers jours du monde, et durera aussi longtemps que la nature organique elle-même. « Croissez et multipliez, aurait pu dire le créateur aux nouveaux hôtes de la terre, c'est-à-dire conservez-vous, agissez comme si vous deviez durer à l'exclusion de tous les autres êtres. Mais comme chaque espèce fera de même, la lutte sera générale, et l'équilibre se maintiendra ; vous aurez tous la faculté de l'attaque et celle de la défense ; vous serez tantôt vainqueurs et tantôt vaincus. A ceux qui n'auront pas la force, je donnerai la prudence ; les forts seront audacieux, les faibles timides, je rendrai leurs pieds agiles, et ils auront des ailes et des nageoires. Croissez et multipliez. Voilà la terre, elle est à vous, je vous ai donné la vie, mais la vie est un combat, combattez ! »

Et la lutte a commencé. Pour compenser ses pertes, la nature a voulu que les petits animaux eussent une fécondité en rapport avec les dangers qu'ils devaient courir. Ils purent se creuser des terriers, se cacher dans les troncs d'arbres, et chercher des retraites jusque dans les fissures des rochers les plus abruptes. Mais ne voulant les sauve-garder qu'à demi, elle a donné à leurs ennemis l'instinct de la ruse, et les a rendus patients dans l'embuscade. Ainsi se maintient l'espèce dans des limites qu'elle est impuissante à franchir : ainsi les animaux qui auraient pu, en se multipliant trop, se faire envahisseurs, se sont trouvés restreints en nombre par les changements de saisons, les inondations, les brusques changements de température, etc., et la balance numérique n'a penché en faveur d'aucune espèce, l'homme excepté.

D'autres causes de destruction existent encore pour les animaux, du moins pour plusieurs d'entre eux : les stations changent incessamment ; les marais se solidifient, et les animaux qui y vivaient meurent ; certaines contrées se dessèchent et deviennent arides, les montagnes dénudées, privées des forêts qui servaient de lieu de refuge aux animaux, ne peuvent plus les protéger, et ils s'en exilent. L'homme, ce puissant modificateur de la vie, change à son tour la nature des terrains, il envahit l'espace, et repousse jusque dans les déserts les fauves, s'il en est qui échappent au plomb meurtrier ; non-seulement il agit sur les animaux sauvages, mais aussi sur sa propre espèce, dont il ampute et dessèche les rameaux les moins vigoureux.

La face de la terre n'a plus cette sauvage majesté des premiers temps de la création. Elle a été conquise, et ses dominateurs en ont adouci les traits, sans toutefois lui ôter ses charmes. Si elle était abandonnée à elle-même, toutes choses redeviendraient ce qu'elles étaient autrefois : les animaux reprendraient leur place ; les plantes seraient bientôt maîtresses du sol ; il y aurait en Europe des savanes, des forêts vierges, des fleuves capricieux dont les eaux ne seraient plus contenues par des digues. Personne ne reverra ce tableau des premiers âges du monde, la nature est enchaînée, et ses chaînes seront de plus en plus solidement rivées. En donnant l'intelligence à l'homme, Dieu a voulu qu'il s'en servît, non pour gâter la nature, mais pour l'embellir. On admire un paysage alpestre, la vue d'un glacier, d'une cascade, d'une montagne aux sommets nuageux, mais on aime à contempler des champs soigneusement cultivés, la rivière qui coule doucement au milieu d'une riche campagne, les parterres émaillés de fleurs, le pampre d'une vigne étagée sur le coteau, le verger dont les arbres sont couverts de fruits, la forêt sillonnée de sentiers tracés par la main de l'homme. On a gâté la nature, dites-vous; moi je soutiens qu'elle est embellie; si l'on en jugeait autrement, il faudrait décider que la beauté du sauvage l'emporte sur celle de l'homme civilisé, ce qu'on ne saurait admettre. La beauté, pour être parée, n'en est pas moins la beauté, et d'ailleurs, malgré les travaux infatigables des pionniers sans nombre qui défrichent le sol et changent incessamment l'antique physionomie de la terre, il est encore çà et là des pages de ce grand livre de la nature très-capables d'exciter l'admiration de ceux qui savent y lire. Il ne faut que les chercher, et on les trouve.

2. — De la sélection naturelle et artificielle.

Le mot *sélection artificielle*, appliqué à l'agriculture et à l'horticulture, semble d'une grande justesse, puisqu'il s'agit de diriger la reproduction dans un but que détermine le choix pour créer des races ou les continuer, en ne faisant procréer entre eux que les animaux doués de certaines qualités, ou en ne faisant germer que les graines les plus robustes pour avoir les géants, ou les plus petites pour avoir les nains. La sélection est un art qui s'aide de la diététique ou des engrais; elle a ses règles comme l'hygiène, à laquelle elle se rattache par des points de contact nombreux. Chacun connaît tout ce qu'elle produit de merveilles; elle donne la taille, l'embonpoint, et jusqu'à des aptitudes particulières : chevaux de course, taureaux de combat, chiens de chasse. Mais, pour conserver les races qu'elle a créées, il faut qu'elles se reproduisent entre elles; autrement la nature revient au type. La sélection artificielle modifie l'espèce, elle ne la change pas. Elle fait des bœufs sans cornes qui sont toujours des bœufs, des porcs ensevelis dans le tissu cellulaire qui sont toujours des porcs, des poires monstrueuses qui sont toujours des poires, des froments à épis rameux qui sont toujours des froments. Si les produits de cette industrie, qui souvent ne sont autre chose que de véritables monstruosités, étaient transférés dans une contrée parfaitement isolée, sans qu'on eût à craindre le mélange du sang, la race produite pourrait se conserver; encore serait-ce trop s'avancer que d'assigner une durée indéfinie à cette race artificielle, toujours disposée à revenir à l'état normal.

Nous avons déjà fait remarquer ailleurs que ces mots *sélection naturelle* personnifiaient la nature et lui prêtaient un vouloir et des intentions qu'elle ne saurait avoir. Sans doute, elle est intelligente, mais d'une autre manière que l'homme, et quand elle opère, le but vers lequel elle tend ne nous est pas parfaitement connu. Est-ce pour perfectionner l'espèce? est-ce pour la changer? C'est là ce qu'il convient d'examiner.

Qu'il n'y ait eu qu'une création ou qu'il y en ait eu plusieurs, il est certain, pour les deux cas, que, parmi les êtres anciennement créés, un grand nombre a disparu, tantôt par des causes qui étaient en eux, tantôt par des causes extérieures. Est-ce là une sélection? Non, sans doute. Est-ce une épuration? Pas davantage. L'espèce a péri, parce que les circonstances dans lesquelles elle s'est trouvée fortuitement étaient défavorables et qu'elles l'ont emporté sur la résistance ; mais il n'était pas dans ses destinées qu'il en fût ainsi. La durée des êtres vivants dépend des milieux qu'ils habitent : si la nature des terrains change et que leur organisation les y retienne, ils doivent mourir. Que l'on admette pour tous les individus constituant l'espèce une habitation étroitement localisée; que le sol, de marécageux qu'il était, devienne sec, ou sec d'humide, et aussitôt la nature organique devra changer. Lorsque les mers se sont déplacées, que les marais se sont desséchés, que les terrains se sont élevés ou abaissés au-dessous de leur niveau ordinaire, que de vastes forêts ont été détruites ou formées, il en est résulté une grande perturbation au préjudice des animaux et des plantes, et il s'en est souvent suivi leur extinction totale. Les grands reptiles, dont les dimensions nous étonnent, les fougères gigantesques, ne pouvaient se perpétuer que sous l'empire de certaines conditions ; étaient-elles changées, ils se trouvaient en péril de mort.

Ces changements ne sauraient être attribués à la sélection naturelle, et ce qui s'est passé et peut se passer encore n'a pour cause que les lois ordinaires de la physique du globe, qui s'exercent et se continuent sans aucune préoccupation de la vie. C'est ainsi que dut être brisée dans plusieurs de ses parties cette chaîne qui lie les êtres les uns aux autres, en laissant cependant distincts les anneaux qui la composent.

La sélection naturelle aurait pour objet, non-seulement de perfectionner l'espèce, mais aussi de la métamorphoser, ce qu'il faut bien admettre dans le système de la création à types numériquement réduits. Ce serait comme un flot qui porterait toujours la nature organique en avant. Mais où veut-on la faire aboutir? Sera-ce à l'homme, singe perfectionné, comme le singe lui-même serait un quadrupède plantigrade amélioré, et toujours ainsi? Et l'homme lui-même, dont on abaisse ainsi l'origine, que deviendra-t-il? Sortira-t-il de lui un autre homme plus parfait physiquement? Rien n'est plus difficile à croire.

Je lis dans la traduction de l'ouvrage de M. Darwin (p. 680), qu'il est bien plus satisfait de regarder les êtres, non plus comme des créations spéciales, mais comme la descendance en ligne directe d'êtres qui vécurent longtemps avant que les premières couches du système silurien fussent déposées. Ils lui semblent tout à coup anoblis, et ils le seraient bien moins, continue-t-il, en supposant une création distincte pour chacun d'eux. Cette opinion diffère de la mienne à certains égards. Je crois que les êtres vivants ont été créés sur un même plan ; c'est là leur seule parenté. Admettre pour le mollusque, le reptile, le poisson, l'oiseau, le mammifère, le fucus, la prêle, le palmier, le bambou, la plante bulbeuse, l'herbe et l'arbre, une même origine, me semble tout aussi difficile à comprendre que leur apparition de toutes pièces sur la terre. La création spontanée est sans doute un fait miraculeux; mais la métamorphose des espèces, qui donne lieu à des formes si heurtées, accompagnées d'aptitudes si différentes, ne le lui cède guère. C'est le temps, dites-vous, qui a produit ces merveilles. Que ne peut-on pas attendre d'une action qui s'exerce pendant des millions d'années?... Que répondre à cela? Que c'est une hypothèse, et que nul ne saurait dire ce qui peut advenir, non pas en ce sens que le temps ne change rien, mais par ce côté bien plus sérieux, que, s'il a le pouvoir de détruire, il ne semble pas qu'il ait celui de transformer.

Les plus anciens monuments historiques, les momies, les débris humains qui remontent aux époques antéhistoriques, la forme des espèces de coquilles, qui appartiennent tout à la fois au diluvium et à la formation actuelle, semblent démontrer la persistance des formes spécifiques, et substituer ainsi la réalité à l'hypothèse.

Je lis encore dans l'ouvrage de M. Darwin qu'aucun cataclysme n'a désolé le monde entier; que jamais la succession régulière des générations n'a été interrompue; qu'il est permis de compter avec toute confiance sur un avenir d'une incalculable durée, et que l'élection naturelle, organisant seulement pour le bien de chaque individu, tout don physique et intellectuel, tendra à progresser vers la perfection. Peut-être est-ce s'avancer beaucoup trop de déclarer qu'aucun cataclysme n'a désolé le monde; toutefois, cela fût-il vrai, il ne faudrait rien en conclure qui soit relatif à la métamorphose des espèces, mais y trouver seulement la preuve que la création n'a pas été interrompue à la fois sur tous les points du globe. Et pourtant même, ceci admis, il resterait encore à se demander comment il se fait que les couches fossilifères profondes (cambrienne, silurienne, dévonienne, carbonifère, permienne, jurassique), renferment toutes des organismes spéciaux, inconnus les uns aux autres. Quel fait pourrait prouver d'une manière plus décisive la pluralité des créations? Sans doute, c'est une grande et noble idée que de faire progresser la nature organique vers la perfection; mais si je comprends que l'homme, de son naturel progressif, puisse tendre vers la perfection, je ne vois pas bien quel pourrait être le perfectionnement des végétaux ni celui de la plupart des animaux. Les plantes unisexuelles deviendront-elles hermaphrodites? auront-elles un système nerveux et la conscience de leur existence? Les fleurs seront-elles plus belles et les arbres plus majestueux? Les animaux deviendront-ils tous intelligents? les instincts sanguinaires s'éteindront-ils? les imperfections de forme disparaîtront-elles? Le kanguroo pourra-t-il courir avec ses jambes, harmonisées dans leurs dimensions? L'autruche pourra-t-elle voler, le serpent marcher au lieu de ramper? Les mollusques cesseront-ils d'être apathiques? Voilà ce qui devient difficile à croire. Tout ici-bas est si bien coordonné, les plantes et les animaux sont si bien appropriés à leur manière d'être, que, si l'on peut croire à des modifications, on ne saurait affirmer qu'elles agiront dans le sens d'un perfectionnement indéfini, malgré la concurrence vitale, quoique, dans certains cas, la variété puisse remplacer l'espèce. Mais le type se conservera toujours : le mollusque restera mollusque; l'abeille, abeille; la mousse ne deviendra pas un champignon, et le chêne ne cessera pas de porter des glands.

Si l'on voulait accepter les espérances de M. Darwin, le temps produirait des formes sans nombre de plus en plus belles, de plus en plus merveilleuses, par une évolution sans fin, et cette phrase ne laisse aucun doute sur les croyances de cet auteur éminent. La nature actuelle étale plus de richesses que n'en peut contempler l'œil humain, et telle est sa beauté, qu'il ne nous semble pas possible d'obtenir d'elle mieux que ce qu'elle nous accorde aujourd'hui. En voyant cette immensité de fleurs qui s'épanouissent en nuances infinies; cette variété prodigieuse de couleurs, de parfums, de qualités si diverses; en voyant cette multitude d'animaux si bien organisés pour la marche, le vol, la natation, pour la vie terrestre et la vie aquatique, pour l'alimentation végétale ou animale, solide ou liquide, et tant de puissance de vie chez les êtres les plus faibles, je me demande ce qui pourrait être ajouté aux merveilles que j'admire et que je trouve à chaque pas.

Mais il y a plus : serait-il bien vrai que, depuis l'apparition de la vie, les organismes ont gagné en beauté? Disons d'abord, avant d'aller plus loin, que, si nous connaissons bien les êtres vivants de notre époque, il n'en est pas de même de céux qui ont laissé dans les diverses couches du globe des témoignages de leur existence. Les organismes délicats ont été détruits, et rien n'est plus difficile que de comparer ce qui vit aujourd'hui avec ce qui ne vit plus. Si nous pouvions le faire, nous verrions sans doute que nous n'avons gagné ni en beauté ni en variété de formes. Peut-être même constaterait-on que, sur certains points, nous avons plutôt perdu que gagné. Les madrépores, les coquilles et les crustacés fossiles sont plus compliqués de structure que les nôtres; les poissons antédiluviens n'ont rien qui les rende inférieurs aux poissons de nos mers et de nos rivières. Les reptiles se présentent avec des formes plus variées, et l'*iguanodon* avait trois fois au moins la longueur de nos plus grands sauriens. Nos autruches sont des naines à côté des *œpyornis* et des *palapteryx* des anciens terrains ; et les pachydermes qui jadis peuplaient le globe ne pouvaient être inférieurs en instincts à ceux qui vivent aujourd'hui, et ils avaient sur ceux-ci la supériorité de la taille et celle des moyens de défense.

Peu d'insectes ont été trouvés; cependant ceux qui ont été reconnus pour tels, — névroptères et orthoptères, — avaient des ailes d'une délicatesse infinie. En ce qui concerne le règne végétal, que sont nos prêles, nos lycopodes, nos fougères, à côté des genres éteints qui se rapportent à ces familles? En quoi les cycadées, les conifères, les anonacées observées dans des couches plus ou moins profondes, diffèrent-elles des nôtres? Quelles sont donc les qualités nouvelles, taille, forme, beauté, qui puissent nous donner la supériorité sur les productions fossiles des deux règnes? Que serait-ce si nous connaissions mieux les anciennes faunes et les anciennes flores?

Combien il est difficile d'admettre, avec M. Darwin, qu'un jour la nature vivante sera si bien modifiée, qu'il ne restera plus rien des formes actuelles, et que celles qui seront reproduites leur seront supérieures dans l'ensemble de leurs formes et la perfection de leurs organes. Quel résultat merveilleux de ce polymorphisme, et de quelle puissance de transformation aura été doté ce progéniteur unique, père de toute la nature vivante !

L'opinion qui soutient l'origine des êtres par types réduits se rend compte de la création de la manière suivante. Un prototype, ayant été formé, aurait produit par divergence ou bifurcation deux rameaux pour chacun des deux règnes; ces types d'ordres secondaires auraient formé d'autres types, par exemple ceux que nous connaissons comme embranchements, et toujours ainsi pour arriver aux classes, aux ordres et aux genres, non brusquement, mais en vertu du temps et par des transitions ménagées. La nature n'eût rien fait de stable, et ce provisoire durerait encore. L'œuvre des siècles aurait pour résultat de perfectionner les êtres vivants. Les modifications produites seraient toujours avantageuses aux organismes chez lesquels ces changements d'état s'opéreraient.

Deux causes agiraient dans ce sens : la sélection naturelle et la concurrence vitale, c'est-à-dire la lutte des forts contre les faibles, ces derniers devant disparaître par insuffisance dans les moyens de résistance. Ces résultats ne sont pas très-évidents à nos yeux, en raison de la lenteur avec laquelle ils se produisent. Nous vivons trop peu pour qu'il nous soit possible de les apprécier.

La nature vivante, dit toujours M. Darwin, a changé, elle change, elle changera. S'il nous était permis de revivre dans quelques centaines de siècles, nous lui trouverions une autre physionomie; à peine verrions-nous quelques espèces de plantes et d'animaux ayant pu échapper à ces métamorphoses.

Comment, continue-t-il, se sont opérées et comment s'opèrent encore ces transformations? Par l'espèce, qui forme des races destinées à la remplacer, parce qu'elles sont plus robustes, moins imparfaites, en un mot améliorées. Si une plante ou un animal produit accidentellement des individus modifiés en mieux, aussitôt la sélection s'en empare. Toute modification, si elle est avantageuse, ajoute à la résistance vitale; l'être qui en a été doté résiste donc : il vit, non pour rester tel qu'il a été modifié, mais pour se modifier encore, former des races de races, et toujours ainsi, de manière à s'éloigner de plus en plus du type primitif; si bien que, de déviations en déviations, il devient méconnaissable. Dans ce mouvement ascensionnel, il peut parcourir une longue route et devenir, suivant l'acception scientifique, une espèce, cette espèce un genre, et ce genre, l'action modificatrice continuant, mériter de passer dans un ordre et dans une classe qui le séparent, par un intervalle immense, du type dont il est sorti, toute parenté entre les fils et la mère ayant disparu.

Que devient l'espèce de laquelle sont nées toutes ces formes? Elle peut continuer à vivre, et accidentellement aussi se modifier pour constituer d'autres races qui divergeront à leur tour et revêtiront des caractères spéciaux. Ainsi, plus de causes finales : des circonstances accidentelles, la nature livrée au hasard. Nous n'en jugerons pas ainsi : tout ce qui se passe sur la terre est le résultat de lois; si elles paraissent changer, c'est uniquement que nous n'en connaissons pas toute la portée. Ce qui arrive par hasard peut se manifester une ou deux fois, mais non de telle sorte que la nature organique y soit soumise.

Examinons la sélection dans les effets qu'elle peut produire sur les plantes et les animaux.

Les plantes fixées au sol sont, plus que les animaux, soumises à l'action de la concurrence vitale. Quoiqu'elles aient souvent des agents de dissémination, — ailes et aigrettes, — elles tombent dans des terrains déjà occupés, dans des terrains incultes, dans l'eau, sur des pierrailles, etc. Dans ce trajet, elles deviennent souvent la proie des oiseaux granivores; de plus, quand elles s'arrêtent sur une terre qui leur convient, elles restent à la surface et ne germent pas. La concurrence vitale s'exerce par les plantes vivaces au préjudice des plantes annuelles, et par les plantes ligneuses au préjudice des plantes vivaces. La durée est ici victorieuse. Les plantes annuelles n'ont qu'une possession temporaire du terrain; il appartient à celles dont la vie se prolonge. Voilà ce qui limite le nombre des végétaux. La privation d'agents de locomotion rend assez difficile l'action de la sélection naturelle; elle est en sens inverse de la durée, c'est-à-dire qu'elle semble plus facile pour les plantes annuelles que pour les autres, en raison de la rapidité avec laquelle se succèdent les générations. C'est par le pollen que s'opèrent les modifications et que peuvent se former des races. Il favorise dés croisements qui se perpétuent; ce ne sont, à vrai dire, que des variations et non des hybrides proprement dits. De même qu'il existe parmi les animaux des espèces plus flexibles les unes que les autres, — chien, pigeon, — de même il existe des espèces de plantes qui se prêtent plus que les autres à la variation. C'est donc la graine modifiée par l'action d'un pollen étranger qui ferait dévier l'espèce et qui l'éloignerait du type primitif. Sans nul doute, il existe dans les flores un grand nombre de formes qui ne sont que des divergences de types primordiaux. Pour s'en convaincre, il suffit de constater que, dans certaines familles, les genres sont plus faiblement unis que dans d'autres : tels sont les labiées, les crucifères, les chicoracées, les lichens.

Les arbres, d'ailleurs bien moins nombreux en espèces que les herbes, se prêtent aussi difficilement aux variations, et ceux de nos forêts gardent tous leur caractère aussi bien sous les tropiques que dans nos climats. Si nous considérons l'arbre comme produisant une herbe annuelle, il devrait arriver à ses fleurs ce qui arrive à celles des plantes herbacées : elles pourraient former des variations. On n'en connaît que bien peu d'exemples dans l'ordre naturel. Comme les arbres des forêts vivent par groupes, et que souvent une seule essence couvre d'immenses territoires, les graines produites restent confinées et ne trouvent guère de terrain où elles puissent germer. La sélection naturelle peut avoir une action plus marquée sur les végétaux cellulaires, surtout par la différence d'action des milieux où croissent ces plantes. Pourtant, malgré l'extrême délicatesse de leurs formes, elles conservent très-bien leur individualité, et, si on ne la trouve pas toujours dans les organes de nutrition, on peut facilement s'assurer qu'elle existe dans les organes reproducteurs, variés à l'infini.

Comment comprendre que le règne végétal se modifie et se perfectionne? Sera-ce en perdant l'irrégularité de forme de certaines fleurs? Mais ne serait-ce pas leur enlever ce qui en fait le charme? Que peuvent-elles perdre? que peuvent-elles gagner? Si les siècles agissent sur les plantes, ils en feront autre chose, sans faire mieux. Supposez qu'elles soient toutes robustes et de même port, avec des fleurs également belles, toutes régulières, toutes richement parées de splendides couleurs, exhalant toutes de suaves parfums; ôtez même, si vous le voulez, les épines aux buissons; ne faites qu'un splendide parterre de la terre entière, et vous aurez perdu ce qui en fait le charme : le contraste.

Ainsi, nous ne pouvons comprendre, en ce qui regarde le règne végétal, que la sélection naturelle soit avantageuse et qu'elle puisse ajouter à sa beauté. Sans nier d'une manière absolue l'existence de races nouvelles qui se sont élevées à la dignité d'espèce, nous n'hésitons pas à regarder ces modifications comme étant beaucoup trop rares pour changer la physionomie de la nature végétale, sauf les révolutions du globe, qui ne permettent plus de savoir ce qui pourrait advenir.

La sélection naturelle s'exerce bien plus difficilement sur le règne animal que sur le règne végétal. Les animaux sont plus indépendants que les plantes; ils peuvent se déplacer pour chercher les milieux qui leur conviennent le plus. Presque toujours les sexes sont séparés. Si le mâle est modifié et que la femelle ne le soit pas, la variation ne se reproduira qu'imparfaitement, ou même ne se reproduira pas du tout. Voilà pour la première génération. Mais pour la deuxième que deviendra-t-elle? Trouvera-t-on des géniteurs offrant le même caractère modifié pour le continuer? Si le hasard les produit, se rencontreront-ils? On ne peut raisonnablement le supposer.

Les modifications qui perfectionnent sont-elles seules, et ne doit-on pas croire qu'il en est qui agissent en sens contraire? Supposez que celles-ci prévalent, et l'espèce devrait dégénérer, puis disparaître, appauvrie par une suite, également accidentelle, de races toujours plus faibles procréant entre elles. Sans doute, en raison de la convenance plus ou moins bien appropriée aux besoins des individus, il peut arriver qu'elles gagnent en force et en beauté; mais, soit qu'elles perdent, soit qu'elles gagnent, il ne peut en résulter aucun changement considérable dans le type spécifique. Ici l'espèce est plus vigoureuse et là plus délicate; ce qu'elle gagne d'un côté, elle le perd de l'autre, et la moyenne reste la même. C'est comme la rivière qui change son niveau sans quitter ses bords. Ce que nous savons de la nature nous démontre que métamorphoser une espèce, c'est la mettre hors du cadre pour lequel elle était faite, c'est la détruire.

M. Darwin étend le pouvoir de la sélection naturelle jusqu'aux instincts. Ce serait d'abord une qualité accidentelle et individuelle qui deviendrait héréditaire; il en serait de l'instinct, qui est insaisissable, comme des modifications de forme, qui sont matérielles. Ne devrait-on pas aussi se demander que, si les qualités se transmettent par sélection naturelle, les défauts se transmettent aussi; toutefois défauts et qualités, pour se fixer dans l'espèce, doivent éprouver par la sélection naturelle les mêmes entraves que celles dont nous avons parlé à propos des caractères physiques, lesquelles résultent de la difficulté de réunir des géniteurs ayant pour les reproduire des qualités ou des défauts pareils. Le mâle vigoureux s'accouplera à une femelle délicate, le mâle courageux à une femelle timide, et le produit reviendra à la moyenne de force ou de courage.

L'instinct est aveugle, et M. Janet (*Revue des deux mondes,* 1er décembre 1863), auquel on doit un article plein d'intérêt sur le darwinisme, fait remarquer avec raison que les nécrophores placent des cadavres à côté de leurs œufs pour nourrir les larves qui doivent éclore, quoiqu'ils ne doivent pas les voir. Les pompilies font de même, quoiqu'ils soient herbivores et leurs larves carnassières. L'instinct sépare les animaux autant que la structure extérieure. Tout, chez les êtres vivants, concourt à isoler l'individu.

M. Darwin fait voir que la sélection artificielle est parfois inconsciente, ce qui équivaut à dire que l'espèce peut se modifier d'elle-même. Les cultivateurs et les horticulteurs disent alors qu'ils ont gagné une variété, et ils peuvent la perpétuer; mais les animaux et les plantes qui font gagner ces variétés ne sont pas à l'état sauvage, et l'on sait que la domesticité les dispose aux variations.

On dit que si les milieux ne changent pas, la sélection naturelle ne change pas non plus; c'est dire implicitement qu'elle est impossible dans les mers, les lacs et les grands fleuves, sur les hautes montagnes et dans les sables destinés à se conserver tels qu'ils existent aujourd'hui, et conséquemment à laisser tels qu'ils sont les organismes qui s'accommodent de ces divers milieux d'habitation.

Tout est mouvement sur la terre et dans l'univers tout entier. Est-ce vers le progrès que nous marchons? Cette loi est en nous sans doute; mais nous seuls pouvons l'interpréter. Abandonné à lui-même, le globe terrestre aurait une autre physionomie. L'homme y perdrait, et beaucoup d'animaux y gagneraient des eaux plus abondantes, des forêts plus vastes, des refuges plus sûrs. S'ils pouvaient répondre et qu'on les interrogeât, ce que nous nommerions désordre, ils le qualifieraient de progrès; ce mot est d'acception humaine. Le seul progrès qui soit incontestable est celui de notre intelligence.

Les lois qui régissent la matière ne s'étendent à la nature organique que dans quelques détails de la vie, et non dans l'ensemble. L'attraction donne lieu à des phénomènes qui aboutissent à la stabilité, la vie à des phénomènes qui conduisent à la mort; encore est-il permis de faire remarquer que les germes se succèdent, de sorte que la mort n'est, à vrai dire, qu'une sorte de rénovation.

Ce qui semble commun à la vie organique et inorganique, c'est de donner lieu à une évolution sans terme; mais les conditions de durée sont diverses : la matière n'a pas besoin des plantes et des animaux pour se perpétuer, tandis que ceux-ci lui empruntent les bases sur lesquelles s'appuie la vie. Ils en dépendent donc par leur masse; mais l'arrangement des molécules qui la constituent est soumise à des lois d'une portée bien plus élevée, dont, malgré tous nos efforts, nous ne pouvons saisir l'étendue.

VII. — Conclusion.

En terminant cette étude, tout à la fois peut-être et trop longue et trop courte, il semble convenable de résumer notre opinion sur le darwinisme. Nous le ferons en peu de mots.

Ce système, de même que tous ceux à l'aide desquels on a tenté d'expliquer la création, aboutit au merveilleux. Le nombre des germes admis n'y fait rien. On peut le limiter au point de ne reconnaître qu'un seul prototype, sans pour cela sortir de l'hypothèse. N'aura-t-on pas toujours à se demander d'où il provient, et par quelle prérogative il a pu devenir le père de la nature organique, si diverse de la matière, régie par les seules forces physiques ?

Il semble que la création génésiaque, qui aurait formé les êtres vivants de toutes pièces, en les subordonnant les uns aux autres, se serait manifestée avec plus de grandeur. et que le miracle opéré aurait été plus surprenant, nous dirions même plus difficile à effectuer, si l'on ne réfléchissait que tout ce qui s'éloigne de l'ordre naturel admet un égal degré d'impossibilité. Le darwinisme décompose le miracle, et croit ainsi, le rendant plus facile, satisfaire aux exigences de la raison, tandis qu'il ajoute aux difficultés en multipliant les faits merveilleux, qui restent sans explication raisonnable.

Dans ce système, le rôle principal est dévolu au temps ; or, comme sa durée est infinie, la manière dont il agirait n'aurait point de terme possible. Peu de changements par siècle, mais beaucoup de siècles. Quelque légères que soient les modifications dans l'origine, il suffit qu'elles se continuent pour transformer complétement l'organisme qui en est le siége. Ainsi, le monde organique n'aurait rien de fixe, tout y serait provisoire et en progrès ; tout marcherait vers un but qui ne serait jamais atteint.

La création génésiaque serait terminée et désormais confiée aux êtres créés, tandis que la création darwinienne se continuerait par sélection naturelle. Les espèces produites ne le seraient qu'à titre provisoire, et, comme les larves, attendraient du temps une métamorphose qui ne serait jamais définitive.

Nous avons combattu ces idées et cherché à prouver que les espèces ont plus de fixité dans leurs formes que ne leur en accorde M. Darwin, non que le monde organique ne soit modifiable en aucune manière, mais uniquement dans des termes tels que les types semblent immuables dans leurs caractères fondamentaux.

En somme, et pour conclure, nous dirons que, pour nous, le darwinisme est une hypothèse ingénieuse qui laisse au merveilleux une place aussi grande que celle qu'il occupe dans la création selon la *Genèse*. L'apparition des êtres vivants à la surface de la terre est un fait en dehors de toute appréciation humaine. Est-ce à dire que le livre de M. Darwin ne mérite pas d'être profondément médité? Telle n'est certes pas notre opinion. De pareils travaux jettent une vive lumière sur l'histoire naturelle, qu'ils enrichissent de faits nouveaux, habilement groupés. Les vérités à la recherche desquelles on se livre ne sont pas toujours celles que l'on découvre; mais il suffit que ce soit des vérités pour qu'on applaudisse à ceux qui les découvrent, de quelque manière qu'ils les aient trouvées.

TABLE DES MATIÈRES

Paris. — Imprimerie de E. Martinet, rue Mignon, 2.

Extrait de la Gazette hebdomadaire de Médecine et de Chirurgie

Paris. — Imprimerie de E. Martinet, rue Mignon, 2.